武汉大学创新创业教育系列规划教材

3D打印技术实训教程

主　编　宋凤莲　陈　东
副主编　陈　建　袁　洪　盛宗建
主　审　巫世晶

U0250292

WUHAN UNIVERSITY PRESS
武汉大学出版社

图书在版编目(CIP)数据

3D打印技术实训教程/宋凤莲,陈东主编.—武汉:武汉大学出版社,
2019.1
武汉大学创新创业教育系列规划教材
ISBN 978-7-307-20524-6

Ⅰ.3… Ⅱ.①宋… ②陈… Ⅲ.立体印刷—印刷术—教材 Ⅳ.TS853

中国版本图书馆CIP数据核字(2018)第211126号

责任编辑:谢文涛 责任校对:汪欣怡 版式设计:汪冰滢

出版发行:**武汉大学出版社** (430072 武昌 珞珈山)
(电子邮件:cbs22@whu.edu.cn 网址:www.wdp.com.cn)
印刷:武汉中科兴业印务有限公司
开本:787×1092 1/16 印张:11 字数:258千字 插页:1
版次:2019年1月第1版 2019年1月第1次印刷
ISBN 978-7-307-20524-6 定价:28.00元

内 容 简 介

　　本书是在充分吸收众多高校多年来积累的 3D 打印实践教学经验的基础上编写而成的，配有不同层次的教学案例。本书共分 5 章，主要介绍 3D 打印的基本原理及发展状况，几种典型的 3D 打印工艺；3D 建模设计及案例；常见的 3D 打印设备及常见故障分析；综合应用案例。

　　本书可作为高等学校、专科学校、职业学校的 3D 打印、快速成型及相关课程的教材，也可作为产品设计人员及工程技术人员的参考资料。

前　言

　　3D 打印技术是一种以 3D 数字模型为原型，通过分层制造逐层叠加制造出任意形状及复杂结构零部件的快速成型技术，也称为增材制造技术。3D 打印技术被预测为第三次工业革命的引领者，成为发达国家日益关注的战略性产业核心技术，也是推进实施"中国制造 2025"战略的重要技术支撑。在生物医疗、航天航空、文物保护、文化创意、教育等领域日益展现它的神奇魅力。

　　随着近几年 3D 打印技术的飞速发展，3D 打印技术在高等学校走进了课堂，从纯理论讲授到附一定学时的实验，当下已发展为创新创业的重要课程之一，但令大多教师及学生感到困惑的是，市面上缺乏这样一种一体化教材：先利用建模技术将脑中的创意——美妙的虚拟世界建成数字模型，再利用相应的打印设备，将梦想变成现实。在此大背景下，武汉大学与四川大学结合多年来在 3D 打印技术实践教学中的经验，与武汉万创科技有限公司进行校企合作，开展了 3D 打印技术实训教材的编写工作。通过教材的一步步引导，学生就可将奇思妙想落地成真。

　　本书由武汉大学组织编写，共分五章，其中的第 3 章第 3.3.3 小节、第 4 章第 4.3 节、4.4 节、4.5 节等内容由四川大学的陈建老师编写，第 5 章由袁洪编写，其余部分由武汉大学 3D 打印编写组完成。

　　特别感谢 3D 打印课程组的黄亚及郑柯等老师的大力协助，他们对书中大量的插图及文字进行了处理及校对。

　　限于编者的水平，难免存在不足之处，敬请读者批评指正。

编　者

2018 年 6 月

目　　录

第1章 概　　论

【教学基本要求】
　　(1) 掌握 3D 打印技术的内涵与技术特点。
　　(2) 了解常见的几种 3D 打印工艺。
　　(3) 了解 3D 打印技术的主要应用领域。

1.1　3D 打印技术概述

　　3D 打印技术诞生于 20 世纪 80 年代后期,是一种基于材料累加的高新制造技术,被认为是近 20 年来制造领域的一项重大成果。近年来它在生物医疗、文物保护、模具制造、教育等方面展现着神奇,正潜移默化地改变着我们的生活。

　　3D 打印技术实质上一种快速成型技术。它是以计算机三维设计模型直接驱动,通过"离散"三维数字模型,获得一个具有一定微小厚度和特定形状的截面,分层制造,逐层叠加,快速制造任意复杂形状的三维物理实体的技术。该技术有多种称谓,又称为快速成型(Rapid Prototyping Manufacturing,RPM)、增材制造、快速原型、快速模型、直接制造等,这些称谓主要反映这项技术的特点,即"快",从某个侧面反映"3D 打印技术"的内涵:材料堆积、CAD 直接驱动、快速响应性。在国内,3D 打印是这项技术的俗称;在美国,被称为"增材制造"。3D 打印技术的原理如图 1-1 所示。

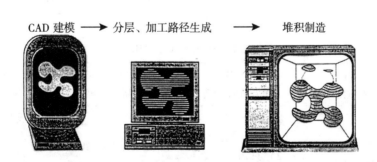

CAD 建模 ⟶ 分层、加工路径生成 ⟶ 堆积制造

图 1-1　3D 打印技术的原理

　　3D 打印技术可以自动、直接、快速、精确地将设计思想转变为一定功能的原型或直接制造零件,具有如下技术特点:

1

（1）高度柔性。3D 打印技术不再需要传统的刀具、夹具和机床等就可以制造出任意形状的产品，CAD 模型直接驱动，真正的数字化制造。

（2）高度技术集成。3D 打印技术集成了计算机、CAD、激光、数控、材料等现代高新技术。

（3）快速性。从 CAD 数字模型到物理原型或零件的生成，仅需数小时或数十个小时，是传统制造的 1/3～1/5。

1.2　3D 打印技术的种类

根据不同的成型原理，3D 打印技术可以分为很多种类，如表 1-1 所示，常见的 3D 打印工艺对比如表 1-2 所示。

表 1-1　　　　　　　　　　　　　　　3D 打印技术的种类

成型原理	技术名称
高分子聚合反应	光固化快速成型（Stereo Lithography Apparatus，SLA）
	高分子打印技术（Polymer Printing）
	高分子喷射技术（Polymer Jetting）
	数字化光照加工技术（Digital Lighting Processing，DLP）
烧结和熔化	选择性激光烧结技术（Selective Laser Sintering，SLS）
	选择性激光熔化技术（Selective Laser Melting，SLM）
	电子束熔化技术（Electron Beam Melting，EBM）
熔融沉积	熔融沉积成型工艺（Fused Deposition Modeling，FDM）
叠层实体制造	叠层实体制造技术 （Laminated Object Manufacturing，LOM）

表 1-2　　　　　　　　　　　　　　　常见的 3D 打印工艺对比

项目＼工艺	SLA 光固化	LOM 分层实体制造	SLS 选择性激光烧结	FDM 熔融沉积成型
优点	（1）成型速度快，尺寸精度高； （2）成型件强度高； （3）材料利用率接近 100%	（1）无需支撑结构； （2）只需对轮廓线进行切割，适合做大件； （3）原材料价格便宜	（1）可直接得到塑料、蜡或金属成型件； （2）材料利用率高； （3）造型速度较快	（1）成型材料种类较多，能直接制作塑料； （2）尺寸精度较高，表面质量较好，易于装配； （3）材料利用率高； （4）操作环境干净安全

工艺 项目	SLA 光固化	LOM 分层实体制造	SLS 选择性激光烧结	FDM 熔融沉积成型
缺点	(1) 成型后要进一步固化处理； (2) 原材料有污染； (3) 需要支撑结构	(1) 不适宜做薄壁原型； (2) 表面比较粗糙； (3) 易吸湿膨胀，需防潮处理； (4) 强度及弹性差	(1) 成型件强度和表面质量较差，精度低； (2) 后处理工艺复杂，样件变形大	(1) 成型时间较长； (2) 需要支撑
设备购置费用	高昂	中等	高昂	低廉
维护	激光器有损耗，光敏树脂价格昂贵，运行费用很高	激光器有损耗，材料利用率很低，运行费用较高	激光器有损耗，材料利用率高，原材料便宜，运行费用居中	无激光器损耗，材料利用率高，原材料便宜，运行费用低
发展趋势	稳步发展	渐趋淘汰	稳步发展	飞速发展
应用领域	复杂、高精度	实心体大件	铸造件设计	塑料件外形和机构设计

1.3　3D 打印技术的发展历程及趋势与应用领域

1.3.1　国外发展的历程

3D 打印技术起源于美国，其早期根源追溯到 1892 年美国人 J. E. Blanther 在他的专利中提出用层叠的方法制作地图模型。后来这一思路推广到制造领域，最具代表性的成果有：

（1）1902 年，美国学者 Carlo Baese 在他的专利（#774549）中提出了用光敏聚合物制造塑料件的方法，即光固化成型（SLA）的初步设想。

（2）1940 年，美国学者 Perera 提出了在硬纸板上切割轮廓线，然后黏结成三维地形图。

（3）1976 年，Paul 在他的专利（#932923）中提出利用轮廓跟踪器，将三维物体转换成许多二维轮廓薄片，然后用激光切割薄片成型，再用螺钉、销钉将一系列薄片连接成三维物体的方法，即"分层实体制造"（LOM）的初步设想。

（4）1986 年，美国查尔斯·胡尔（Charles Hull）在他的专利（#4575330）中提出用激光照射液态光敏树脂分层制造 3D 物体的方案，同年成立 3D Systems 公司。

（5）1988 年，美国 3D Systems 公司生产出了世界上第一台现代 3D 打印机——SLA-

250，标志着 3D 打印设备的商品化正式开始。

此后涌现了几十种 3D 打印技术工艺：FDM、SLS、SLM、LOM 等。

全球 3D 打印产业已基本形成了美、欧等发达国家主导，亚洲国家和地区后起追赶的发展态势。美国率先将增材制造产业上升到国家战略发展高度，引领技术创新和产业化。欧盟及成员国注重发展金属增材制造技术，产业发展和技术应用走在世界前列。俄罗斯凭借在激光领域的技术优势，积极发展激光增材制造技术研究及应用。随着一大批企业进入增材制造领域，全球范围内的产业竞争加剧。国际主要企业有美国的 3D Systems 公司和 Stratasys 公司，英国的 Reprap 公司等。

（1）3D Systems 公司的技术优势是成型尺寸大，可整体打印超大模型；全彩打印；熔融材料高分辨率选择性逐层喷射；工艺经济性较高。在 2009—2013 年五年间收购了增材制造设备制造商、专用材料生产商、设计公司、软件开发商、3D 扫描仪制造商、服务提供商等近 30 家企业，涵盖了增材制造的全产业链。

（2）Stratasys 公司的技术优势是 FDM 技术和 SLA 技术；产品精细度高，能建立光滑表面、细小形状和复杂形状。在 2012 年通过与 object 公司合并，奠定了行业领导者的地位。

1.3.2　国内发展的历程

20 世纪 80 年代末，我国启动开展增材制造技术的研究，研制出系列增材制造装备，并开展产业化应用。

（1）1988 年，清华大学成立了激光快速成型中心。在现代成型学理论、FDM 工艺、LOM 工艺等方面有一定的科研优势。

（2）1993 年，国内第一家增材制造公司——北京殷华快速成型模具技术有限公司成立。

随后，华中科技大学、西安交通大学、西北工业大学、北京航空航天大学等高校开展增材制造技术的研究和产业化。此外，依托社会力量成立了北京隆源自动成型系统有限公司。

（3）1993 年 5 月，国内首台工业级增材制造设备——激光选区烧结（SLS）设备样机研发成功。

随着新的材料技术、信息技术、控制技术不断应用到智能制造领域，3D 打印技术被推向更高的层面。我国已有部分技术处于世界先进水平。

1. 微铸锻同步 3D 打印

常规 3D 打印金属件，由于缺乏锻造这一程序，打印时难免存在疏松、气孔、未熔合等缺陷，抗疲劳等性能严重不足，使全球 3D 打印行业一直处在"模型制造"和展示阶段，无法高端应用。华中科技大学机械学院张海鸥教授的团队依托强大平台，独立研制出微铸锻同步复合设备，并创造性地将金属铸造和锻压技术合二为一，实现了全球领先的微型边铸边锻的颠覆性原始创新，大幅提高了制件的强度和韧性，提高了构件的疲劳寿命和可靠性。同时省去了传统巨型锻压机的成本，可通过计算机直接控制成型路径，不仅能打印薄壁金属零件，而且大大降低了设备投资和原材料成本。尤其可喜的是，经由这种微铸锻生产的零部件，各项技术指标和性能均稳定超过传统锻件。

2. 微重力环境下 3D 打印

中国首台太空 3D 打印机诞生，中科院空间应用工程技术中心研制的国内首台空间 3D 打印机，已经在法国波尔多成功完成抛物线失重飞行试验，能够在微重环境下完成 3D 打印。该打印机可打印最大零部件尺寸达 200mm×130mm，为我国 2020 年完成空间站建造及后期运营奠定了基础。空间站等待一次地球补给至少需要半年，而 3D 打印只需要 1～2d 就能生产出需要更换的零部件，大幅提高了空间站维修的及时性。

1.3.3　发展趋势

未来 3D 打印技术的发展将体现出精密化、智能化、通用化以及便捷化等主要趋势。

（1）装备向零部件直接制造和专业化方向发展。世界著名的几大 3D 打印设备制造商都有了自己的系列设备，如美国的 3D Systems 公司的 SLA 系列光固化成型机、Projet 系列喷射成型机；Stratasys 公司的 FDM 系列熔融沉积成型机；DTM 公司的 Sinterstation 系列粉末激光烧结成型机等。最为显著的进展是金属结构的直接制造，选择性激光熔化技术（SLM）和激光净成型技术（LENS）在直接制造金属零件方面具有较为明显的优势。

（2）成型材料开发及其系列化、标准化。3D 打印技术的进步依赖于新型材料的开发和新设备的研制。3D 打印材料要求较为特殊，必须能够液化、丝化、粉末化，在打印完成后又能重新结合，并具有合格的物理化学性质。目前以高分子材料为主。发展全新的3D 打印材料，如组织工程材料、梯度功能材料、纳米材料、非均质材料、复合材料等是3D 打印技术中材料研究的热点。

（3）制造装备从高端型走向普及型。目前世界著名的几大 3D 打印设备制造商很少生产高端设备，主要专注于低成本的 FDM 设备。

1.3.4　应用领域

3D 打印技术已经运用在文物保护、汽车制造、生物医学、艺术品、科学研究等领域中，为这些领域带来革命性的改变。

1. 文物保护

利用 3D 打印技术，可以在不损伤文物的前提下运用 3D 扫描仪快速获取文物整体数据，再运用 CAD 软件对文物进行细致的修复，延续文物灿烂文化。图 1-2 为 3D 打印的西汉石雕。

2. 汽车领域

全球首辆利用 3D 打印技术生产的汽车，一体式汽车车身——Urbee2 如图 1-3 所示。这辆称为 Urbee2 的双座汽车由美国 Stratasys 公司和加拿大 Kor Ecologic 公司联合设计，包括玻璃嵌板在内的所有外部组件都是利用增材制造工艺中的熔融沉积工艺生产而成，是一辆三轮、双座混合动力车，最高时速可达 112km。

3. 生物医学领域

细胞 3D 打印被认为是 3D 打印产业高塔上的明珠，是近年来出现的一种在体外构造

图 1-2 3D 打印的西汉石雕

图 1-3 全球首辆利用 3D 打印技术生产的汽车——Urbee2

三维多细胞体系的先进技术。可以解决传统组织工程难以解决的问题。与传统基于支架的组织工程技术相比,细胞打印的优势主要有:同时构建有生物活性的 3D 多细胞/材料体系;能在时间和空间上准确沉积不同类别的细胞;能构建细胞所需的 3D 微环境。

2016 年,哈佛大学 John A. Paulson 组成的团队已经发明了一种方法,可以用人类干细胞、细胞外基质和内衬血管内皮细胞的循环通道打印出厚实的血管化组织。该方法将血管管路与活细胞和细胞外基质结合起来,使该结构能够像活体组织那样发挥作用。这项重大突破已经于 2016 年 3 月 7 日发表在了 *Proceedings of the National Academy of Sciences* 杂志上。图 1-4 为 3D 打印的厚实血管组织。

4. 艺术雕塑领域

如图 1-5 所示的艺术摆件,打破了材料的局限和工艺的限制,使得艺术品更具可观性。

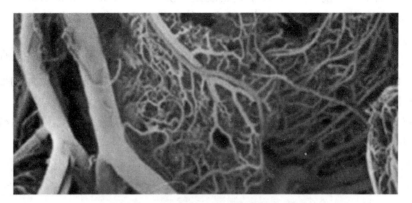

图 1-4 为 3D 打印的厚实血管组织

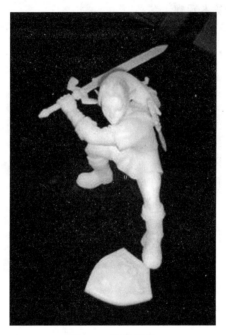

图 1-5 艺术摆件

1.4 3D 打印技术面临的挑战

3D 打印技术已经取得了重大进展，但有关材料、设备和软件等方面的问题依然存在，具体为以下几个方面。

（1）打印材料。耗材是影响 3D 打印广泛应用最关键的因素。目前开发的打印材料有限，主要有塑料、树脂和金属等。用于工业领域的材料种类仍然比较缺乏，材料标准有待建立。金属打印构件的力学性能、组织结构等还待深入研究。

（2）打印成本。目前，3D 打印不具备规模经济优势，价格方面优势尚不明显。打印材料价格从几百元到几千元不等。对于适合人体特性的金属材料（如钛合金）其金属粉末价格达到 2000 元/千克左右。而且打印机价格从几千元到上千万元不等。

（3）成型精度和质量。3D 打印工艺发展还不完善，特别是快速成型软件技术的研究还不成熟，目前 3D 打印零件的精度及表面质量大多不能满足工程直接使用的要求，一般作为原型使用。

（4）打印速度。3D 打印技术虽始于"快速成型"，但制作一个零件仍需数小时，目前用于原型开发或单件制造，难以大规模生产。

（5）政策因素。相应的打印材料和打印成品缺少食品和药监部门的许可；3D 生物打印技术也像 20 世纪末的克隆技术一样，将面临生物伦理的挑战。

☞ **复习思考题**

1. 简述 3D 打印技术的基本原理。

2. 3D 打印技术的基本特点是什么？3D 打印技术有哪些优势和不足？

3. 3D 打印技术主要应用在哪些方面？

第2章 3D打印技术的原理与工艺

【教学基本要求】

(1) 掌握3D打印技术实现的工艺种类、原理和特点；

(2) 了解3D打印技术各种工艺的实现方法、技术要求和应用领域；

(3) 了解3D打印技术不同工艺对材料的要求。

3D打印学术上叫增材制造（Additive Manufacturing，AM），是从20世纪70年代末、80年代初由快速成型（Rapid Prototype，RP）和快速制造（Rapid Manufacturing，RM）技术发展起来的制造技术。据不完全统计，目前使用增材制造技术的3D打印工艺有30多种，每一种方法都有其独特的特点。从打印材料看，有的使用液体打印材料，有的使用粉末材料，还有的使用固体材料；从打印方式看，有的使用喷嘴，有的使用激光，有的使用投影等；还没有一种通用的3D打印工艺满足所有的3D打印需要。

按照美国材料与试验协会（American Society for Testing and Materials，ASTM）国际标准组织F42增材制造技术委员会的分类，增材制造技术有七种成型工艺，分别是熔融沉积成型工艺（FDM）、光固化成型工艺（SLA）、粉末烧结成型工艺（SLS）、箔材黏结成型工艺（LOM）、黏结喷射成型工艺（3DP）、材料喷射成型工艺和定向能量沉积成型工艺。其中前五种是根据增材制造初期出现的子技术产生和发展的工艺，后两种是根据当今发展的子技术产生的工艺。本章重点选择了前五种3D打印工艺进行介绍，这些工艺方法占据了80%以上的市场份额，也是绝大多数3D打印设备使用的技术。读者通过学习这些方法，可以触类旁通地深入学习其他3D打印技术工艺。

2.1 熔融沉积成型工艺（FDM）

2.1.1 熔融沉积成型工艺的原理

熔融沉积成型工艺（Fused Deposition Modeling）又叫熔丝沉积，简称FDM工艺，是一种应用比较广泛的快速成型工艺方法。FDM工艺最早由美国学者Scott Crump于1988年研制成功，该工艺方法是将丝状的热熔性材料加热熔化，通过带有一个微细喷嘴的喷头挤喷出来，喷头按CAD软件分层截面数据设定的二维几何轨迹运动，材料迅速凝固，并与周围的材料凝结形成轮廓形状。如果热熔性材料的温度始终稍高于固化温度，而成型部分的温度稍低于固化温度，就能保证热熔性材料挤喷出喷嘴后，随即与前一层面熔结在一起。一个层面沉积完成后,工作台按预定的增量下降一个层的厚度,再继续熔喷沉积,直至完成整个实体造型。

FDM 系统主要包括喷头、送丝机构、运动机构、加热工作室、工作台五个部分,如图 2-1 所示。喷头是最复杂的部分,材料在喷头中被加热融化。喷头底部有一喷嘴供熔融的材料以一定的压力挤出。喷头沿零件截面轮廓和填充轨迹运动时挤出材料,与前一层粘接并在空气中迅速固化,如此反复进行就可得到实体零件。

熔融沉积快速成型工艺在制造悬臂零件时需要同时制作支撑,为了节省材料成本和提高沉积效率,新型 FDM 设备采用了双喷头,如图 2-2 所示。一个喷头用于沉积模型材料,一个喷头用于沉积支撑材料,两种材料的特性不同,制作完毕后去除支撑相当容易。双喷头的优点除了沉积过程中具有较高的沉积效率和降低模型制作成本以外,还可以灵活地选择具有特殊性能的支撑材料,以便于在后处理过程中去除支撑材料,如水溶材料、低于模型材料熔点的热熔材料等。

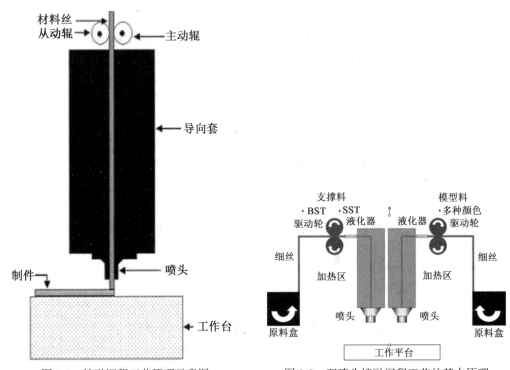

图 2-1　熔融沉积工艺原理示意图　　　　图 2-2　双喷头熔融沉积工艺的基本原理

送丝机构为喷头输送原料,送丝要求平稳可靠。原料丝一般直径为 $1 \sim 2mm$,喷嘴直径只有 $0.2 \sim 0.3mm$,这个差别保证了喷头内一定的压力和熔融后的原料能以一定的速度(必须与喷头扫描速度相匹配)被挤出成型。送丝机构和喷头采用推拉相结合的方式,以保证送丝稳定可靠,避免熔丝或积瘤。

送丝机构包括 X、Y、Z 三个轴的运动。快速成型技术的原理是把任意复杂的三维零件转化为平面图形的堆积,因此不再要求机床进行三轴及三轴以上的联动,大大简化了机床的运动控制，只要能完成二轴联动就可以了。*XY* 轴的联动扫描完成 FDM 工艺喷头对截面轮廓的平面扫描，*Z* 轴则带动工作台实现高度方向的进给。

加热工作室用来给成型过程提供一个恒温环境。熔融状态的丝挤出成型后如果骤然冷却，容易造成翘曲和开裂，适当的环境温度可以最大限度地减少这种造型缺陷，提高成型质量和精度。

工作台主要由台面和泡沫垫板组成，每完成一层成型，工作台便下降一层高度。

2.1.2　熔融沉积成型工艺的过程和特点

熔融沉积成型工艺的材料一般是热塑性材料，如蜡、ABS、PC、尼龙等，以丝状供料。材料在喷头内被加热熔化。喷头沿零件截面轮廓和填充轨迹运动，同时将熔化的材料挤出，材料迅速固化，并与周围的材料黏结。每一个层片都是在上一层上堆积而成，上一层对当前层起到定位和支撑的作用。

FDM 工艺成型的过程包括设计三维 CAD 模型、CAD 模型的近似处理、对 STL 文件进行分层处理、造型、后处理，如图 2-3 所示。步骤如下：

（1）设计人员根据拟加工零件的要求，利用计算机辅助设计软件设计出三维 CAD 模型。常用的设计软件有 Pro/Engineering，Solidworks，MDT，AutoCAD，UG 等。

（2）对三维模型进行近似处理，许多常用的 CAD 设计软件都具有这项功能。用一系列相连的小三角平面来逼近曲面，得到 STL 格式的三维近似模型文件。

（3）对 STL 文件分层处理。由于 FDM 工艺成型是将模型按照一层层截面加工累加而成的，所以必须将 STL 格式的三维 CAD 模型转化为成型制造系统可接受的层片模型。层厚影响着模型制作的表面质量及制作的时间，FDM 成型中层厚范围相对于其他几种工艺较宽，通常在 0.1~0.4mm 之间。

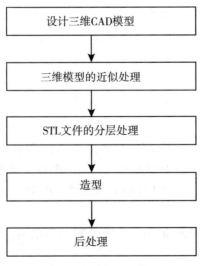

图 2-3　FDM 成型工艺过程

（4）在 3D 打印机上进行造型。产品的造型包括支撑制作和实体制作两个方面。在打印之前需要进行 STL 文件校验修复及确定摆放方位，目的是保证无裂缝、空洞，无悬面、重叠面和交叉面。调整摆放方位主要考虑模型表面精度、模型强度、支撑材料的施加以及成型所需要的时间等因素。成型过程都是设备自动完成的，所以在成型阶段，主要完成设备操作即可。

（5）进行成型零件的后处理。成型的后处理主要是对成型进行表面处理，去除实体的支撑部分，对部分实体表面进行处理，使成型精度、表面粗糙度等达到要求。

熔融沉积成型工艺不用激光，使用、维护简单，成本较低。用蜡成型的零件原型，可以直接用于失蜡铸造。用 ABS 制造的原型因具有较高强度而在产品设计、测试与评估等方面得到广泛应用。近年来又开发出 PC，PC/ABS，PPSF 等更高强度的成型材料，使得该工艺有可能直接制造功能性零件。由于这种工艺具有一些显著优点，该工艺发展极为迅速，目前 FDM 系统在全球已安装快速成型系统中的份额大约为 30%。与其他工艺相比，FDM 工艺具有以下优点：

（1）不使用激光，维护简单，成本低。由于采用了热融挤压头的专利技术，使整个系统构造原理和操作简单，价格便宜，维护成本低，系统运行安全，特别适用于对原型精度和物理化学特性要求不高的概念设计 3D 打印机。

（2）可以使用无毒的原材料，设备系统可在办公环境中安装使用。FDM 工艺采用塑料丝材，与其他使用粉末和液态材料的工艺相比，丝材更加清洁，易于更换、保存，不会在设备中或附近形成粉末或液体污染。

（3）成型速度快。用熔融沉积方法生产出来的产品，不需要 SLA 中的刮板再加工这一道工序；系统校准为自动控制；用蜡成型的零件原型，可以直接用于熔模铸造；可以成型任意复杂程度的零件，常用于成型具有很复杂的内腔、孔等零件。

（4）后处理简单。原材料在成型过程中无化学变化，制件的翘曲变形小；支撑去除简单，无需化学清洗，分离容易，在成型完成后仅需要几分钟时间就可以使用原型。

（5）原材料利用率高，材料寿命长。材料性能一直是 FDM 工艺的主要优点，其 ABS 原型强度可以达到注塑零件的三分之一，PC、PC/ABS、PPSF 等材料强度已经接近或超过普通注塑零件，可在某些特定场合（试用、维修、暂时替换等）下直接使用。在塑料零件领域，FDM 工艺是一种非常适宜的快速制造方式。随着材料性能和工艺水平的进一步提高，我们相信，会有更多的 FDM 原型在各种场合直接使用。

同样，FDM 工艺的缺点也是显而易见的，主要有以下几点：

（1）与光固化成型工艺以及 3D 打印工艺相比，成型的精度较低，成型件表面有较明显条纹。

（2）由于喷头的运动是机械运动，速度受到一定限制，而且需要对整个截面进行扫描涂覆，所以成型时间较长。

（3）成型的过程中需要设计与制作支撑结构，沿成型轴垂直方向的强度比较弱，支撑结构手动剥除困难，同时影响零件表面质量。

2.2 箔材黏结成型工艺（LOM）

2.2.1 箔材黏结成型工艺的基本原理

箔材黏结成型工艺也称为分层实体成型工艺（Laminated Object Manufacturing，LOM），简称 LOM 工艺，这是历史最为悠久的 3D 打印成型技术，也是最为成熟的 3D 打印技术之一。箔材黏结工艺使用箔材，通过激光扫描或切刀运动直接切割箔材，继而进行逐层堆积而成型制品。相比较其他增材制造工艺，由于分层实体成型多使用纸材、PVC 薄膜等材料，具有原材料成本低廉，建造过程较为简单快捷，工艺过程容易实现等优点，因此成为早期推出并迅速得到较快发展的增材制造工艺方法之一。LOM 技术自 1991 年问世以来得到迅速的发展，在产品概念设计可视化、造型设计评估、装配检验、熔模铸造等方面应用广泛。

箔材黏结成型系统主要由计算机、原材料存储及送进机构、热黏压机构、切割系统（激光或切刀）、可升降工作台和数控系统和机架等组成，如图 2-4 所示。其中，计算机用于接收和存储工件的三维模型，沿模型的高度方向提取一系列的横截面轮廓线，发出控制指令。原材料存储及送进机构将存于其中的原材料（如底面有热熔胶和添加剂的纸或塑料薄膜），逐步送至工作台的上方。热黏压机构将一层层材料黏合在一起。切割系统按照计算机提取的横截面轮廓线，逐一在工作台上的材料上切割出轮廓线，并将无轮廓区切割成小方网格以便在成型之后能剔除废料。

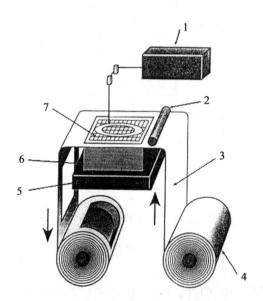

1—激光器；2—压滚；3—箔材；4—材料送进滚筒；5—升降台；
6—叠层；7—当前叠层轮廓线
图 2-4 叠层实体制造技术的原理图

加工时，热压辊热压片材，使之与下面已成型的工件黏结。用 CO_2 激光器在刚黏结的新层上切割出零件截面轮廓和工件外框，并在截面轮廓与外框之间多余的区域内切割出上下对齐的网格。激光切割完成后，工作台带动已成型的工件下降，与带状片材分离。供料机构转动收料轴和供料轴，带动料带移动，使新层移到加工区域。工作台上升到加工平面，热压辊热压，工件的层数增加一层，高度增加一个料厚。再在新层上切割截面轮廓。如此反复直至零件的所有截面黏结、切割完。最后，去除切碎的多余部分，得到分层制造的实体零件。

2.2.2   箔材黏结成型工艺的过程和特点

LOM 工艺使用的材料一般由薄片材料和黏结剂两部分组成，薄片材料根据对原型性能要求的不同可分为纸片材、金属片材、陶瓷片材、塑料薄膜和复合材料片材。用于 LOM 纸基的热熔性黏结剂按基体树脂类型分，主要有乙烯-醋酸乙烯酯共聚物型热熔胶、聚酯类热熔胶、尼龙类热熔胶或其混合物。

LOM 技术的一般工艺流程如图 2-5 所示，其中 CAD 模型的形成与一般的 CAD 造型过程没有区别，其作用是进行零件的三维几何造型。许多具有三维造型功能的软件，如 Pro/E，AutoCAD，UG，CATIA 等均可以完成这样的任务。利用这些软件对零件造型后，还能够将零件的实体造型转化成易于对其进行分层处理的三角面片造型格式，即 STL 格式。

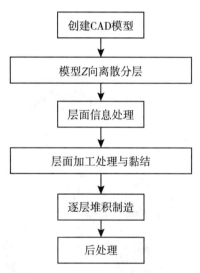

图 2-5   LOM 工艺成型工艺过程

模型 Z 向离散分层是一个切片的过程，它将 STL 文件格式的 CAD 模型，根据有利于零件堆积制造而优选的特殊方位，横截成一系列具有一定厚度的薄层，得到每一切层的内外轮廓等几何信息。层面信息处理就是根据经过分层处理后得到的层面几何信息，通过层面内外轮廓识别及料区的特性判断等，生成成型机工作的数控代码，以便成型机的激光头对每一层面进行精确加工。层面黏结与加工处理就是将新的切割层与前一层进行黏结，并根据生成的数控代码，对当前面进行加工，它包括对当前面进行截面轮廓切割以及网格切割。逐层堆积是指当前层与前一层黏结且加工结束后，使零件下降一个层面，送纸机构送上新的纸，成型机再重新加工新的一层，如此反复，直到加工完成。后处理是对成型机加工完的制件进行必要的处理，如清理掉嵌在加工件中不需要的废料等。余料去除后，为了提高产品表面质量或是进一步地翻制模具，就需要相应的后置处理，如防潮、防水、加固以及打磨产品表面等，经过必要的后置处理后，才能达到快速完成尺寸稳定性、表面质量、精度和强度等相关技术的要求。

箔材黏结工艺中激光束或切刀只需按照分层信息提供的截面轮廓线逐层切割而无需对整个截面进行扫描，且不需考虑支撑。所以这种方法与其他增材制造工艺相比，具有制作效率高、速度快、成本低等优点。具体优点如下：

（1）原材料价格便宜，制作成本低；与同类其他工艺技术相比，其原材料与建造成本就十分低廉。

（2）铺层及叠层切割过程较快，成型效率高。LOM 工艺只需在片材上切割出零件截面的轮廓，而不用扫描整个截面，因此成型厚壁零件的速度较快，易于制造大型零件。

（3）无须后固化处理。工艺过程中不存在材料相变，因此不易引起翘曲变形。

（4）无须设计和制作支撑结构。工件外框与截面轮廓之间的多余材料在加工中起到了支撑作用，所以 LOM 工艺无需加支撑。

（5）制作的原型可以一定程度地替代塑料件。

但是，箔材黏结工艺也有如下不足之处：

（1）工件（特别是薄壁件）在叠层方向上的抗拉强度和弹性不够好；

（2）废料需要人工剥离；

（3）工件表面有台阶纹，其高度等于材料的厚度（通常为 0.1mm 左右），因此，成型后需进行表面打磨。

2.3 光固化成型工艺（SLA）

2.3.1 光固化成型工艺的基本原理

光固化成型工艺也常称为立体光刻成型（Stereo Lithography Apparatus，SLA），简称 SLA 工艺。该工艺是由 Charles Hull 于 1984 年获得美国专利，是最早发展起来的快速成型技术。自从 1988 年 3D Systems 公司最早推出 SLA 商品化快速成型机 SLA-250 以来，SLA 已成为目前世界上研究最深入、技术最成熟、应用最广泛的一种快速成型工艺方法。它以光敏树脂为原料，通过计算机控制紫外激光使其凝固成型。这种方法能简捷、全自动地制造出表面质量和尺寸精度较高、几何形状较复杂的原型。

光固化成型工艺的成型过程如图 2-6 所示。液槽中盛满液态光敏树脂，氦-镉激光器或氩离子激光器发出的紫外激光束，在控制系统的控制下按零件的各分层截面信息在光敏树脂表面进行逐点扫描，使被扫描区域的树脂薄层产生光聚合反应而固化，形成零件的一个薄层。一层固化完毕后，工作台下移一个层厚的距离，以使在原先固化好的树脂表面再敷上一层新的液态树脂，刮板将黏度较大的树脂液面刮平，然后进行下一层的扫描加工，新固化的一层牢固地黏结在前一层上，如此重复直至整个零件制造完毕，得到一个三维实体原型。

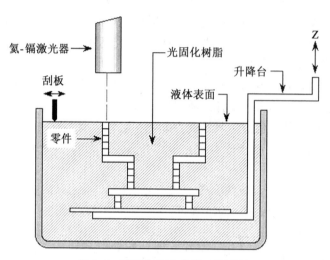

图 2-6　光固化快速成型工艺原理

因为树脂材料的高黏性，在每层固化之后，液面很难在短时间内迅速流平，这将会影响实体的精度。采用刮板刮切后，所需数量的树脂便会被十分均匀地涂敷在上一叠层上，这样经过激光固化后可以得到较好的精度，使产品表面更加光滑和平整。

2.3.2　光固化成型工艺的过程和特点

光固化快速原型的制作一般可以分为前处理、原型制作和后处理三个阶段。

（1）前处理阶段主要是对原型的 CAD 模型进行数据转换、摆放方位确定、施加支撑和切片分层，实际上就是为原型的制作准备数据。通过 CAD 设计出三维实体模型，利用离散程序将模型进行切片处理，设计扫描路径，产生的数据将精确控制激光扫描器和升降台的运动。

（2）原型制作阶段是在专用的光固化快速成型设备系统上进行。激光光束通过数控装置控制的扫描器，按设计的扫描路径 照射到液态光敏树脂表面，使表面特定区域内的一层树脂固化后，当一层加工完毕后，就生成零件的一个截面；然后，升降台下降一定距离，固化层上覆盖另一层液态树脂，再进行第二层扫描，第二固化层牢固地黏结在前一固化层上，这样一层层叠加而成三维工件原型。

（3）在快速成型系统中原型叠层制作完毕后，需要将原型从树脂中取出进行剥离等后续处理工作，以便去除废料和支撑结构等。对于光固化成型方法成型的原型，还需要进行后固化处理，再经打光、电镀、喷漆或着色处理即得到要求的产品。

SLA 技术主要用于制造多种模具、模型等；还可以在原料中通过加入其他成分，用

SLA 原型模代替熔模精密铸造中的蜡模。SLA 技术成型速度较快，精度较高，但由于树脂固化过程中产生收缩，不可避免地会产生应力或引起形变。因此开发收缩小、固化快、强度高的光敏材料是其发展趋势。

SLA 工艺技术的主要优点如下：

（1）成型过程自动化程度高。SLA 系统非常稳定，加工开始后，成型过程可以完全自动化，直至原型制作完成。

（2）尺寸精度高。SLA 原型的尺寸精度可以达到±0.1mm。

（3）优良的表面质量。虽然在每层固化时侧面及曲面可能出现台阶，但上表面仍可得到玻璃状的效果。

（4）可以制作结构十分复杂、尺寸比较精细的模型。

（5）可以直接制作面向熔模精密铸造的具有中空结构的消失型。

（6）制作的原型可以一定程度地替代塑料件。

现阶段，SLA 工艺技术仍然存在以下缺点：

（1）SLA 系统造价高昂，使用和维护成本过高。

（2）SLA 系统是要对液体进行操作的精密设备，对工作环境要求苛刻。

（3）使用的材料较少。目前可用的材料主要为感光性的液态树脂材料，成型件多为树脂类，强度、刚度、耐热性有限，不利于长时间保存。

2.4 激光烧结成型工艺（SLS）

2.4.1 激光烧结成型工艺的原理

激光烧结成型工艺又称为选择性激光烧结工艺（Selective Laser Sintering，SLS），简称 SLS 工艺。该方法最初是由美国得克萨斯大学奥斯汀分校的 C. R. Dechard 于 1989 年提出并开发了相应的系列成型设备。SLS 工艺是利用粉末材料（金属粉末或非金属粉末）在激光照射下烧结的原理（图 2-7），在计算机控制下层层堆积成型。SLS 的原理与 SLA 十分相似，主要区别在于所使用的材料及其性状不同。SLA 所用的材料是液态的紫外光敏可凝固树脂，而 SLS 则使用粉状的材料。

SLS 工艺在快速模具制造和医学上的植入体、组织工程支架制作等方面有广泛的应用，美国的 DTM 公司和德国的 EOS 公司在该领域做了大量的研究工作，国内华中科技大学（武汉滨湖机电产业有限责任公司）、南京航空航天大学、中北大学和北京隆源自动成型有限公司等，也取得了许多重大成果和系列的商品化设备。

选择性激光烧结加工过程是采用铺粉辊将一层粉末材料平铺在已成型零件的上表面，并加热至恰好低于该粉末烧结点的某一温度，控制系统控制激光束按照该层的截面轮廓在粉层上扫描，使粉末的温度升至熔化点，进行烧结并与下面已成型的部分实现黏结。当一层截面烧结完后，工作台下降一个层的厚度，铺料辊又在上面铺上一层均匀密实的粉末，进行新一层截面的烧结，如此反复，直至完成整个模型。在成型过程中，未经烧结的粉末对模型的空腔和悬臂部分起着支撑作用，不必像 SLA 和 FDM 工艺那样另行生成支撑工艺

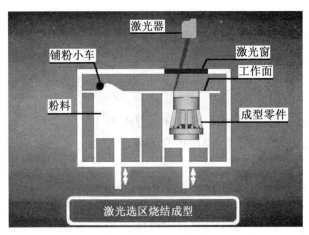

图 2-7　选择性激光烧结工艺原理图

结构。选择性激光烧结系统的基本组成如图 2-8 所示。

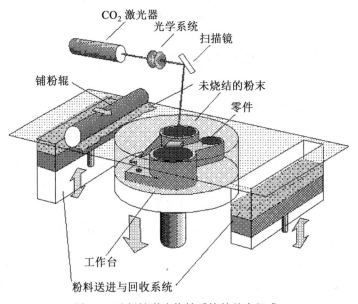

图 2-8　选择性激光烧结系统的基本组成

当实体构建完成并在原型部分充分冷却后，粉末块会上升到初始的位置，将其拿出并放置到后处理工作台上，用刷子小心刷去表面粉末露出加工件部分，其余残留的粉末可用压缩空气除去。

2.4.2　激光烧结成型工艺的过程和特点

SLS 工艺使用的材料一般有石蜡、高分子、金属、陶瓷粉末和它们的复合粉末材料。

材料不同，其具体的烧结工艺也有所不同。下面以聚合物粉末材料为例介绍其成型工艺。

高分子粉末材料激光烧结快速原型制造工艺过程同样分为前处理、粉层烧结叠加以及后处理过程三个阶段。下面以某一铸件的 SLS 原型在 HRPS-IVB 设备上的制作为例，介绍具体的工艺过程。

1. 前处理

前处理阶段主要完成模型的三维 CAD 造型，并经 STL 数据转换后输入到粉末激光烧结快速原型系统中。图 2-9 是某个铸件的 CAD 模型。

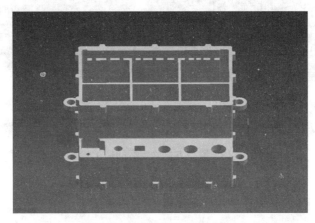

图 2-9　某个铸件的 CAD 模型

2. 粉层激光烧结叠加

首先对成型空间进行预热。对于 PS 高分子材料，一般需要预热到 100℃左右。在预热阶段，根据原型结构的特点进行制作方位的确定，当摆放方位确定后，将状态设置为加工状态，如图 2-10 所示。然后设定建造工艺参数，如层厚、激光扫描速度和扫描方式、激光功率、烧结间距等。当成型区域的温度达到预定值时，便可以启动制作了。

在制作过程中，为确保制件烧结质量，减少翘曲变形，应根据截面变化相应的调整粉料预热的温度。所有叠层自动烧结叠加完毕后，需要将原型在成型缸中缓慢冷却至 40℃以下，取出原型并进行后处理。

3. 后处理

激光烧结后的 PS 原型件强度很弱，需要根据使用要求进行渗蜡或渗树脂等进行补强处理。由于该原型用于熔模铸造，所以进行渗蜡处理。渗蜡后的该铸件原型如图 2-11 所示。

SLS 工艺最大的优点在于选材较为广泛，如尼龙、蜡、ABS、树脂裹覆砂（覆膜砂）、聚碳酸酯（Poly Carbonates）、金属和陶瓷粉末等都可以作为烧结对象。粉床上未被烧结部分成为烧结部分的支撑结构，因而无需考虑支撑系统（硬件和软件）。由于该类成型方法有着制造工艺简单、柔性度高、材料选择范围广、材料价格便宜、成本低、材料利用率高、成型速度快等特点，针对以上特点 SLS 法主要应用于铸造业，并且可以用来直接制作快速模具，如烧结的陶瓷型可作为铸造之型壳、型芯，蜡型可作为蜡模，热塑性材料烧结

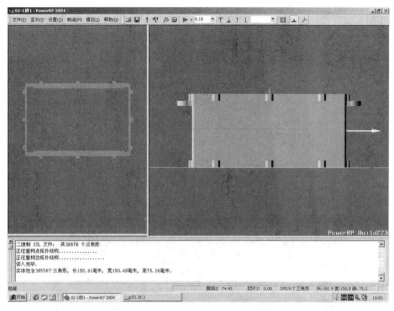

图 2-10　原型方位确定后的加工状态

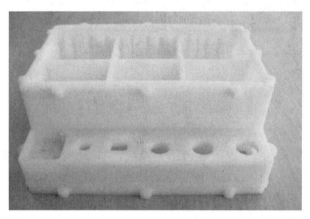

图 2-11　某铸件经过渗蜡处理的 SLS 原型

的模型可作为消失模。粉末激光烧结工艺缺点是原型表面粗糙，烧结过程挥发异味，有时需要比较复杂的辅助工艺。

2.5　喷射成型工艺（3DP）

喷射成型工艺又称为三维印刷工艺（Three-Dimensional Printing，3DP），简称 3DP 工艺，最早是由美国麻省理工学院 Emanual Sachs 等人 1989 年研制成功的。该种成型工艺是以某种喷头作为成型源，其运动方式与喷墨打印机的打印头类似，相对于台面做 X-Y 平面运动实现三维实体的快速制作，所不同的是喷头喷出的不是传统喷墨打印机的墨水，而是黏结剂、熔融材料或光敏材料等。按照喷射成型工艺使用材料的不同类型及固化方式的不同，喷射成型工艺可分为粉末材料三维喷涂黏结成型（3DPG）、液态材料喷墨3D打印成型（Polyjet 3D）两大类工艺。

2.5.1 粉末材料三维喷涂黏结工艺的基本原理

粉末材料三维喷涂黏结工艺（Three-Dimensional Printing Gluing，3DPG）简称3DPG工艺，这种工艺与SLS工艺类似，都是采用粉末材料成型，如陶瓷粉末、金属粉末、塑料粉末等，所不同的是材料粉末不是通过烧结连接起来的，而是通过喷头用黏结剂（如硅胶）将零件的截面"印刷"在材料粉末上面。

以粉末作为成型材料的3DPG工艺原理如图2-12所示。首先按照设定的层厚进行铺粉，随后根据当前叠层的截面信息，利用喷嘴按指定路径将液态黏结剂喷在预先铺好的粉层特定区域，之后工作台下降一个层厚的距离，继续进行下一叠层的铺粉，逐层黏结后去除多余底料便得到所需形状制件。

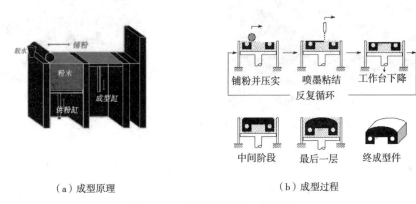

（a）成型原理　　　　　　　　　（b）成型过程

图2-12　三维喷涂黏结工艺原理

上一层黏结完毕后，成型缸下降一个距离（等于层厚为0.013~0.1mm），供粉缸上升一高度，推出若干粉末，并被铺粉辊推到成型缸，铺平并被压实。喷头在计算机控制下，按下一建造截面的成型数据有选择地喷射黏结剂建造层面。铺粉辊铺粉时多余的粉末被集粉装置收集。如此周而复始地送粉、铺粉和喷射黏结剂，最终完成一个三维粉体的黏结。未被喷射黏结剂的地方为干粉，在成型过程中起支撑作用，且成型结束后，比较容易去除。

2.5.2 三维喷涂黏结成型工艺的过程和特点

3DPG工艺使用的材料多为石膏粉。采用3DPG工艺成型石膏模型的过程与SLA工艺过程类似，下面以三维喷涂黏结快速成型工艺在陶瓷制品中的应用为例，介绍其工艺过程，如图2-13所示。

（1）利用三维CAD系统完成所需生产的零件的模型设计。

（2）设计完成后，在计算机中将模型生成STL文件，并利用专用软件将其切成薄片。

每层的厚度由操作者决定，在需要高精度的区域通常切得很薄。

（3）计算机将每一层分成矢量数据，用以控制黏结剂喷射头移动的走向和速度。

（4）用专用铺粉装置将陶瓷粉末铺在活塞台面上。

（5）用校平鼓将粉末滚平，粉末的厚度应等于计算机切片处理中片层的厚度。

（6）计算机控制的喷射头按步骤（3）的要求进行扫描喷涂黏结，有黏结剂的部位，陶瓷粉黏结成实体的陶瓷体，周围无黏结剂的粉末则起支撑黏结层的作用。

（7）计算机控制活塞使之下降一定高度（等于片层厚度）。

（8）重复步骤（4）、（5）、（6）、（7）四步，一层层地将整个零件坯体制作出来。

（9）取出零件坯，去除未黏结的粉末，并将这些粉末回收。

（10）对零件坯进行后续处理，在温控炉中进行焙烧，焙烧温度按要求随时间变化。后续处理的目的是为了保证零件有足够的机械强度及耐热强度。

（a）结构陶瓷制品　　　　　　　　　　（b）注射模具

图 2-13　采用 3DP 工艺制作的结构陶瓷制品和注射模具

与传统方法比较，三维喷涂黏结成型工艺具有成型速度快，成型材料价格低，材料广泛，可以制作彩色原型，安全性较好，应用范围广等优点，而且和 SLA 工艺类似，粉末在成型过程中起支撑作用，且成型结束后，比较容易去除。

三维喷涂黏结成型技术在制造模型时也存在许多缺点，比如模型精度和表面粗糙度比较差，零件易变形甚至出现裂纹，模型强度较低等，这些都是该技术目前需要解决的问题。另外，用黏结剂黏结的零件强度较低，还须后处理。因此这种工艺比较适合成型小型零件，可用于打印概念模型、彩色模型、教学模型和铸造用的石膏原型，还可用于加工颅骨模型，方便医生进行病情分析和手术预演。

2.5.3　液态材料喷墨 3D 打印工艺的基本原理及特点

液态材料喷墨 3D 打印成型工艺（简称 PolyJet 3D 工艺）是以色列 Objet 公司于 2000 年初推出的专利技术，PolyJet 技术也是当前最为先进的 3D 打印技术之一，它的成型原理与 3DP 有点类似，不过喷射的不是黏合剂而是聚合成型材料。

PolyJet 3D 打印工艺的建造过程类似于 SLA 工艺。PolyJet 3D 打印成型设备的喷头更像喷墨式打印机的打印头。与 3DPG 工艺显著不同之处是其累积的叠层不是通过铺粉后喷射黏结液固化形成的，而是从喷射头直接喷射液态树脂瞬间凝固而形成薄层。

PolyJet 3D 打印工艺的基本原理与喷墨文件打印类似，但 PolyJet 3D 打印机不是在纸张上喷射墨滴，而是将液态树脂喷射到托盘上然后用紫外线光将其固化。PolyJet 3D 打印系统的结构原理如图 2-14 所示。PolyJet 的喷射打印头沿 X 轴方向来回运动，当光敏聚合材料被喷射到工作台上后，紫外光灯将沿着喷头工作的方向发射出紫外光对光敏聚合材料进行固化。

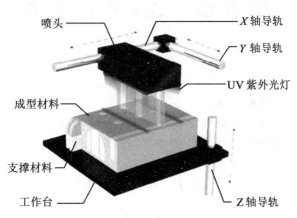

图 2-14　PolyJet 3D 打印工艺的基本原理

　　完成一层的喷射打印和固化后，设备内置的工作台会极其精准地下降一个成型层厚，喷头继续喷射光敏聚合材料进行下一层的打印和固化。就这样一层接一层，直到整个工件打印制作完成。在工件成型的过程中将使用两种不同类型的光敏树脂材料：一种是用来生成实际模型的材料，另一种是用来作为支撑的类似胶状的树脂材料。这种支撑材料由过程控制被精确地添加到复杂成型结构模型的所需位置，如一些悬空、凹槽、复杂细节和薄壁等的结构。当完成整个打印成型过程后可以立即进行搬运和使用，而无需事后凝固，只需要使用 Water Jet 水枪就可以十分容易地把这些支撑材料去除，而最后留下的是拥有整洁光滑表面的成型工件。

　　使用 PolyJet 3D 工艺技术成型的工件精度非常高，最薄层厚能达到 $16\mu m$。设备提供封闭的成型工作环境，适合于普通的办公室环境，采用非接触式树脂载入/卸载，容易清除支撑材料，容易更换喷射头。得益于全宽度上的高速光栅构建，PolyJet 3D 工艺可实现快速打印，并且无需事后凝固。此外，PolyJet 技术还支持多种不同性质的材料同时成型，能够制作非常复杂的模型。

　　由于材料是树脂，PolyJet 3D 工艺成型后强度、耐久度等和 SLA 工艺一样，都不是很高，成型过程中需要制作支撑结构。使用光敏树脂作为耗材，成本相对较高。

☞ **复习思考题**

　　1. 3D 打印技术有哪些成型工艺？

　　2. FDM 成型工艺的基本原理是什么？对成型材料有哪些要求？

　　3. 激光烧结成型工艺过程是什么？这种工艺的特点主要有哪些？

第3章　3D建模技术

【教学基本要求】

（1）了解常见的 3D 建模软件。

（2）掌握 SolidWorks 的基本建模方法。

（3）能够使用 SolidWorks 绘制简单 3D 实体零件图。

3.1　概　　述

在计算机上建立完整的产品 3D 数字几何模型的过程，称为 3D 建模，也称 3D 造型。它不仅具有完整的 3D 几何信息，而且还有材料颜色、纹理等其他非几何信息。3D 建模是现代设计与制造的核心，以 3D 模型为基础，可进行运动学分析、动力学分析、干涉检查、生成 STL 格式文件用于 3D 打印。

目前物体的 3D 建模方式，大体上有三种：第一种方式是利用 3D 软件直接建模，本章 3.2 节作详细介绍；第二种方式是通过仪器设备测量如 3D 扫描仪建模，通过扫描可以获得物体表面每个采样点的 3D 空间坐标，能快速方便地将产品的立体彩色信息转换为计算机能直接处理的数字信号；第三种方式是利用图纸、图像或者视频来建模。它是基于一组二维断层图像，如利用 CT、MRI（核磁共振）的医学图像，借助于数据处理软件及 CAD 系统建立 3D 医学模型，已获广泛应用。

如图 3-1 所示，第一种方式称为正向工程，第二种和第三种方式都是从已有的实物获取 3D 数字化模型，称为逆向工程（Reverse Engineering，RE），也称为反求工程或反向工程。在新产品开发中，逆向工程就是以已有产品为蓝本，在消化、吸收已有产品结构、功能或技术的基础上进行必要的改进和创新，开发出新产品。

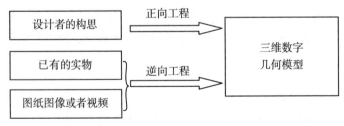

图 3-1　产品设计中的正向工程和逆向工程

3.2 3D 软件建模

根据 3D 建模在计算机上的实现技术不同，如图 3-2 所示，3D 建模可分为线框建模、实体建模和曲面建模三种类型。其中实体建模又衍生出一些建模类型，如特征建模、参数化建模等。

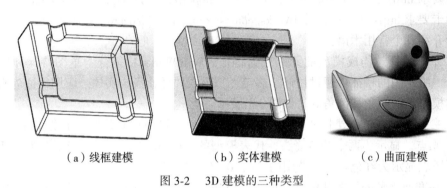

（a）线框建模　　　　　　（b）实体建模　　　　　　（c）曲面建模

图 3-2　3D 建模的三种类型

线框建模描述的是产品的轮廓外形，是由一系列的直线、圆弧、点及自由曲线组成。曲面建模又称为表面建模，除了点、线信息外，还添加了面的信息。可看作在线框模型上覆盖了一层外皮。物体表面边界相互间没有关系，无法对物体进行分析计算。实体建模是通过实体及相互间的关系来表达物体的几何形状，完整地定义 3D 物体的面、边和顶点的信息的过程，可进行运动学分析、动力学分析、干涉检查。

目前市场上主流的三维建模软件主要有 Pro/Engineer、UG、CATIA、SolidWorks 等。这些三维设计软件的应用可以缩短产品设计周期，在一个平台上就可以完成零件设计、装配、CAE 分析、工程图绘制、CAM 加工、数据管理等等，大大地提高了企业的效率。Pro/Engineer 界面简单，操作快速，在进行曲面建模时有很大的曲线自由度，但同时也不容易很好地控制曲线。家电、模具行业的小公司应用居多。UG、CATIA 普遍应用于汽车和航空领域，特别是 CATIA 作为了波音公司的御用设计平台。这两款软件在曲面造型和CAM 都有非常突出的优势，具备强大的曲线架构和编辑功能，在进行正向或逆向造型时得心应手。针对模具设计、汽车设计、CAM 加工等都有独立的设计模块，但在 Windows 打印设置上都会存在一些问题。

SolidWorks 是一款完全基于 Windows 的三维设计平台，其主体功能与 Pro/Engineer、UG、CATIA 相似，但是它兼容了中国国标，可以直接提取一些标准件和图框，而且价格便宜。由于 SolidWorks 软件技术创新符合 CAD 技术的发展潮流和趋势，因此越来越多的企业雇佣 SolidWorks 人才。

3.2.1 SolidWorks 软件简介

SolidWorks 机械设计自动化软件是一个基于特征 、参数化、实体建模的设计工具。

SolidWorks 公司成立于 1993 年，由美国 PTC 公司的技术副总裁与 CV 公司的副总裁发起，目标是希望在每一个工程师的桌面上提供一套具有生产力的实体模型设计系统。1997 年，SolidWorks 被法国达索（Dassault Systemes）公司收购，作为达索主打品牌。设计师使用 SolidWorks 软件能快速地按照其设计思想绘制草图。本节讨论在 SolidWorks 应用程序中使用的概念和术语，它帮助用户熟悉 SolidWorks 的常用功能。

SolidWorks 有关系统要求，请访问以下 SolidWorks 网站：

系统要求 http：//www. SolidWorks. com/sw/support/SystemRequirements. html

图形卡要求 http：//www. SolidWorks. com/sw/support/videocardtesting. html

下面介绍几个常用术语：

（1）基于特征。构成模型的元素称为特征。SolidWorks 特征分为草图特征和应用特征。基于二维草图的特征可通过拉伸、旋转、扫描或放样转换为实体。应用特征为直接创建于实体模型上的圆角和倒角等。如图 3-1 所示。

（2）参数化。用于创建特征的尺寸与几何关系，可以被记录并保存于设计模型中。

（3）原点。显示为两个蓝色箭头，代表模型的（0，0，0）坐标。当草图为激活状态时，草图原点显示为红色，代表草图的（0，0，0）坐标。

（4）基准面。平的构造几何体。可以使用基准面来添加 2D 草图、模型的剖面视图和拔模特征中的中性面等。

3.2.2　SolidWorks 用户设计界面

SolidWorks 用户界面采用 Windows 界面，如图 3-3 所示。和 Windows 使用方式一样，下面介绍一下关于 SolidWorks 用户界面较重要的一些方面。

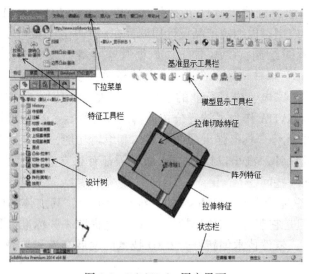

图 3-3　SolidWorks 用户界面

1. 下拉式菜单

通过下拉菜单（图 3-3），你可以得到 SolidWorks 提供的所有命令。当一个菜单项带有一个指向右侧的箭头时，就像这样：[显示(D)　　　　　▶]，是指这个菜单项带有一个子菜单项。

当一个菜单项后面带有几个点时，就像这样：[视图定向(O)... SpaceBar]，是指这个选项将打开一个带有其他选项或信息的对话框。

2. 工具栏

工具栏使你能快速得到最常用的命令。工具栏是根据其功能来组织的，而且你根据需要可以自定义、移动或重新排列工具条。

如图 3-4 所示是一个 SolidWorks 标准工具栏的例子。标准工具栏中包括使用 Solid-Works 过程中常用到的一些命令，如建立新文件、打开已存在的文件、保存文件、打印、剪切、拷贝、粘贴、撤消、重做和帮助等等。

图 3-4　工具栏

3. 工具栏的摆放

这些工具栏可以按多种方式摆放，它们可以放在 SolidWorks 窗口的四边，也可以拖放到图形框中或特征管理区域。当退出 SolidWorks 时，这些位置会被记忆，下次进入时工具栏将会处于上次摆放的位置上。

4. 鼠标按键的使用

可以使用以下方法操作鼠标按键：

（1）左键（L）。点击左键选择菜单项目、图形区域中的实体以及 FeatureManager 设计树中的对象。

（2）右键（R）。点击右键，显示平移、旋转、缩放、全屏显示等快捷菜单。

（3）中键。按住中键不动可旋转零件，滚动中键可缩放零件平移。

（4）指针反馈。在 SolidWorks 应用程序中，指针改变形状以显示对象类型，顶点、边线或面。在草图中，指针形状动态改变，提供有关草图实体类型的数据或者指示指针相对于其他草图实体的位置。例如：

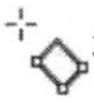

◇指示矩形草图。

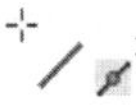

✎指示草图线条或边线的中点。如要选取一个中点，请用右键单击直线或边线，然后单击"选择中点"。

3.2.3　设计方法

在设计模型之前，对模型的生成方法进行细致地计划会很有用。根据需求构思模型，基于概念开发模型。创建模型的第一步是绘制草图，随后可以从草图生成特征。将一个或多个特征组合即生成零件。然后可以组合和配合适当的零件以生成装配体。从零件或装配体，用户就可以生成工程图。

（1）草图。指的是 2D 轮廓或横断面，是大多数 3D 模型的基础。在许多情况下，都是从原点开始绘制草图，原点为草图提供了定位点。生成草图并且决定如何标注尺寸以及在何处应用几何关系。除了 2D 草图，还可以创建包括 X 轴、Y 轴和 Z 轴的 3D 草图。

（2）特征。选择适当的特征（如拉伸和圆角），确定要应用的最佳特征并且决定以何种顺序应用这些特征。

（3）装配体。选择要配合的零部件以及要应用的配合类型。几乎所有模型都包含一个或多个草图以及一个或多个特征。但是，并非所有的模型都包含装配体。

（4）模型编辑。使用 SolidWorks FeatureManager 设计树和 PropertyManager 编辑草图、工程图、零件或装配体。还可以通过在图形区域中直接选择特征和草图来编辑它们。有了这种直观的方法，用户就不需要再知道特征的名称。

①编辑草图 。

可以在 FeatureManager 设计树中选择一个草图并编辑它。可以编辑图实体、更改尺寸、查看或删除现有几何关系、在草图实体之间添加新几何关系或者更改尺寸显示的大小。

②编辑特征 。

在生成一个特征后，用户可以更改其数值。使用编辑特征显示适当的 PropertyManager。

③隐藏和显示 。

对于某些几何体，例如单个模型中的多个曲面实体，可以隐藏或显示其中一个或多个曲面实体。也可以在所有文件中隐藏和显示草图、基准面和轴，在工程图中隐藏和显示视图、线条和零部件。

（5）压缩和解除压缩。可以从 FeatureManager 设计树中选择任何特征，并压缩此特征以查看不包含此特征的模型。压缩某一特征时，该特征暂时从模型中移除，但没删除。该特征从模型视图中消失。然后可以将此特征解除压缩，以初始状态显示模型。并且也可以压缩和解除压缩装配体中的零部件。

（6）退回。在处理具有多个特征的模型时，用户可以将 FeatureManager 设计树退回到先前的某个状态。移动退回控制条将显示至退回状态为止模型中存在的所有特征，直到用户将 FeatureManager 设计树返回初始状态。退回功能可用于插入其他特征之前的一些特征、在编辑模型的同时缩短重建模型的时间或者学习以前如何生成模型。

3.3　作品设计实例

3.3.1　杯子

本节通过杯子的三维建模，如图 3-5 所示，掌握 SolidWorks 软件的基本用法。

1. 步骤 1——启动 SolidWorks 程序

在标准工具栏中单击"新建"按钮，在弹出"新建 SolidWorks 文件"对话框中选

图 3-5 杯子

"零件"按钮，单击"确定"按钮，如图 3-6 所示。

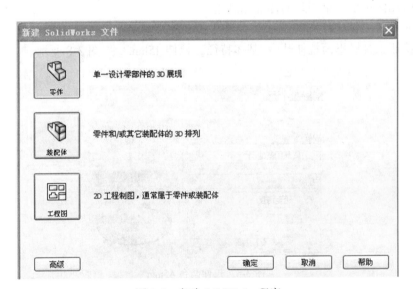

图 3-6 启动 SolidWorks 程序

2. 步骤 2——绘制草图 1

选择上视基准面，点击"草图绘制"，在上视基准面进行草图绘制 1，点击菜单栏 ⊘ ，绘制草图 1 如图 3-7 所示。点击 🐥 保存并退出草图绘制状态。

说明：2D 草图绘制时必须先选择基准面，草绘面可以是标准基准面，也可以是自定义基准面，也可以把特征的某个面作为基准面。草图绘制几何体有两种绘图技巧：

（1）单击—单击。单击鼠标左键，移动鼠标到适当位置，再单击左键，即可完成线

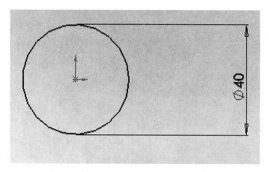

图 3-7　草图 1

条绘制。单击右键在快捷菜单上选"选择"即可退出线条绘制状态。

（2）单击—拖动。单击左键按住不放并拖动鼠标到适当位置松开鼠标即可完成线条绘制。

草图状态最常见的有三种：欠定义（草图定义是不充分的，草图几何体显示蓝色）、完全定义（草图具有完整的信息，草图几何体显示黑色）、过定义（草图中有重复尺寸或相互冲突的几何关系，草图几何体显示红色）。

3. 步骤 3——创建特征

单击特征工具栏里面拉伸凸台/基体特征，拉伸 45mm，如图 3-8 所示。

图 3-8　拉伸凸台 45mm

4. 步骤 4——倒圆角

单击特征工具栏里面"圆角"命令，点击圆柱底面边线，圆角半径 3mm，完成后进行保存。生成圆角如图 3-9 所示。

5. 步骤 5——绘制草图 2

单击前视基准面，然后单击↓正视于，点击"草图绘制直线"命令，在前视基准面上绘制一条斜直线，保存草图，绘制图形如图 3-10 所示。

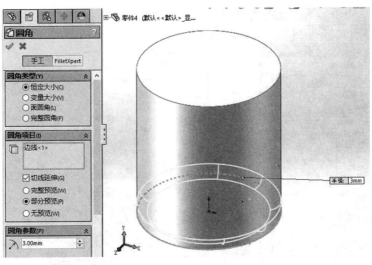

图 3-9 倒圆角

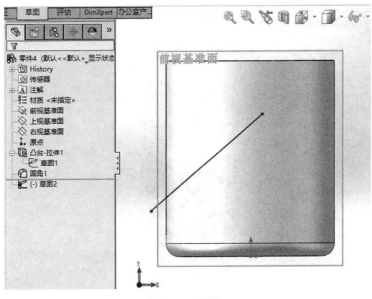

图 3-10 草图 2

6. 步骤 6——基准面 1 的创建

选择菜单栏"插入→参考几何体→基准面"命令，基准面选择草图 2 中的斜直线的上端点和线，保存草图。创建的基准面 1 如图 3-11 所示。

7. 步骤 7——在基准面 1 上面绘制草图 3

点击基准面 1，进入草图绘制。分别使用"直线"命令和"绘制圆角"命令，绘制完成后保存草图。绘制图形如图 3-12 所示。

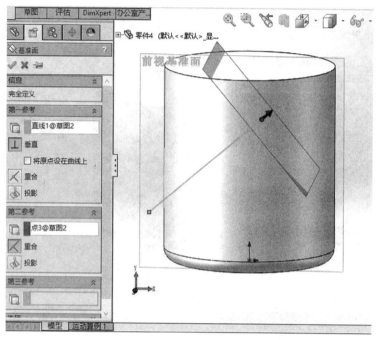

图 3-11　创建基准面 1

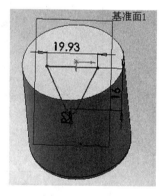

图 3-12　草图 3

8. 步骤 8——水杯的杯嘴创建

点击特征栏的"凸台拉伸"命令，拉伸草图 3，如图 3-13 所示。

9. 步骤 9——抽壳

点击特征栏的"抽壳"命令，抽壳如图 3-14 所示。

10. 步骤 10——制作手柄

选择前视基准面，点击"正视于"，点击"草图绘制样条曲线"命令，在圆柱侧面绘制一条样条曲线。样条曲线开始和结尾在圆柱上，草图 4 如图 3-15 所示。

保存草图，选择菜单栏"插入→参考几何体→基准面"命令，点击样条曲线端点和

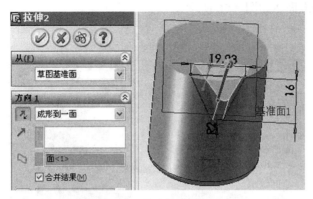

图 3-13 凸台拉伸草图 3

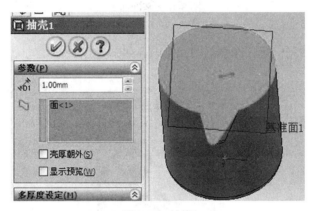

图 3-14 抽壳

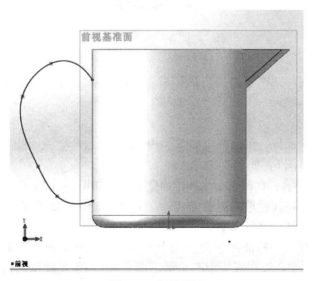

图 3-15 制作手柄

样条曲线，生成基准面 2 如图 3-16 所示。

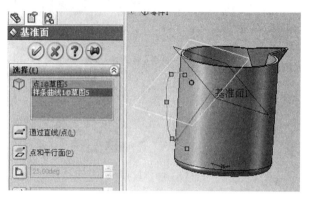

图 3-16　基准面 2

在基准面 2 上绘制椭圆，保存草图，草图 5 如图 3-17 所示。

图 3-17　椭圆

扫描操作：点击特征栏里的"扫描"命令，轮廓点击椭圆，路径点击样条曲线，如图 3-18 所示。

11. 步骤 11——拉伸切除

切除杯子里多余部位，多余部位如图 3-19 所示。

点击杯口绘制草图 6，如图 3-20 所示。

使用草图工具圆ⓒ，直径大小和杯子内壁重合，如图 3-21 所示。

保存草图，点击特征栏里的"拉伸切除"命令，如图 3-22 所示。

12. 步骤 12——杯体上写文字

选择菜单栏"插入→特征→包覆"命令，选择前视基准面，点击草图绘制，使用草图工具"中心线"（中心线在直线小三角形下面），画一条线段作为构造线，以引导文字的布局。点击文字图标Ⓐ后，在草图文字下文字空白处打字如：工程训练中心。字体方向可以选择点击 Ⓐ Ⓥ 图标，大小也可以自己编辑，编辑字体如图 3-23 所示。

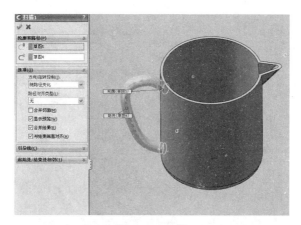

图 3-18　扫描

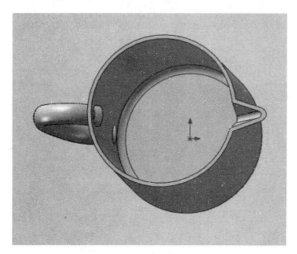

图 3-19　拉伸切除

图 3-20　草图绘制 6

图 3-21　圆

图 3-22　拉伸切除

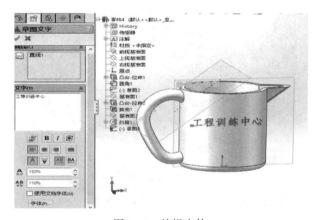

图 3-23　编辑字体

保存草图。在特征工具栏里选择"包覆"命令，设置，确认后如图 3-24 所示。

图 3-24　包覆

点击"确定"后，杯子已经完成，如图 3-25 所示。

图 3-25　杯子已经制作成功

13. 设计更改

如果不满意现有的设计，可对草图及特征进行编辑。用光标在设计树上划过，找到相应的更改部分。鼠标停留在设计树上，点击右键进入特征编辑状态或草图编辑状态，可对几何信息进行更改（图 3-26），完成后保存退出即可。

（a）进入编辑状态的界面　　　（b）几何尺寸的修改界面

图 3-26　特征或者草图的编辑

3.3.2　水轮机

使用 SolidWorks 软件生成如图 3-27 所示的水轮机。

图 3-27　水轮机

1. 步骤 1——启动 SolidWorks 程序

在标准工具栏中单击"新建"按钮,在弹出"新建 SolidWorks 文件"对话框中选"零件"按钮,单击"确定"按钮,如图 3-28 所示。

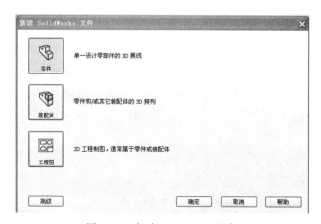

图 3-28　启动 SolidWorks 程序

2. 步骤 2——绘制草图 1

选择上视基准面,点击"草图绘制"绘制草图 1,绘制 $\phi 20$ 的圆,点击菜单"栏插入→曲线→螺旋线/涡状线",螺旋线/涡状线如图 3-29 所示。

3. 步骤 3——绘制 3D 草图 1

点击"草图栏→草图绘制→3D 草图",使用草图工具"样条曲线"沿着涡状线 1 进行 3D 草图绘制,如图 3-30 所示。

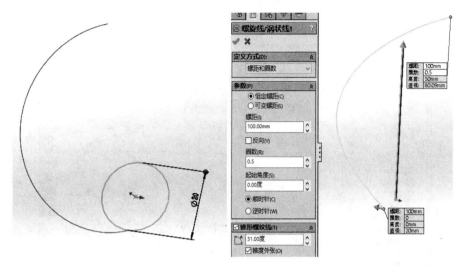

图 3-29　草图 1

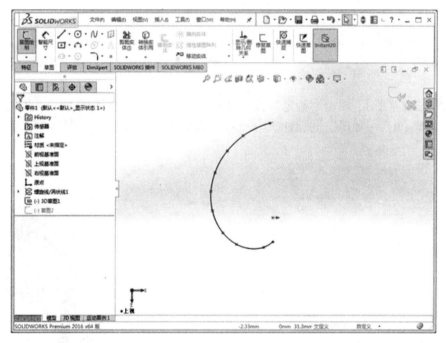

图 3-30　3D 草图 1

4. 步骤 4——绘制草图 2

在上视基准面绘制草图 2，使用草图工具 "3 点圆弧"，绘制一段 R20 的圆弧，圆弧的端点和样条曲线添加穿透关系。如图 3-31 所示。

5. 步骤 5——水轮机叶片的生成

首先进行放样曲面，在菜单栏点击 "插入→曲面→放样曲面"，在轮廓框选项里，选

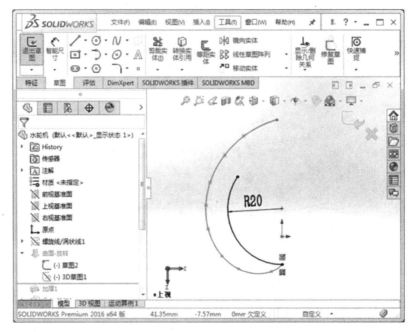

图 3-31　绘制草图 2

择草图 2 和 3D 草图 1，单击"确定"按钮完成曲面放样。再进行加厚曲面，点击"插入
→凸台/基体（B）→加厚"，曲面加厚 1.2mm。如图 3-32 所示。

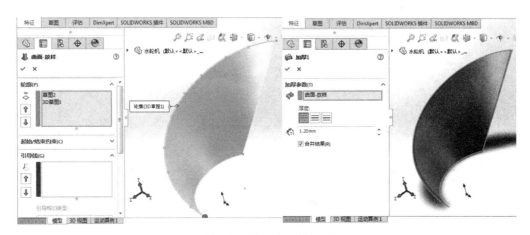

图 3-32　放样曲面并加厚

6. 步骤 6——水轮机转轴的生成

在上视基准面绘制草图 3，使用草图工具"圆"，绘制 $\phi20$ 的圆并拉伸凸台/基体，如
图 3-33 所示。

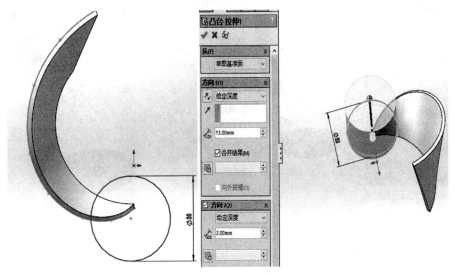

图 3-33 拉伸凸台

7. 步骤 7——修整叶片大小

在上视基准面绘制草图 4，分别绘制 $\phi 60$ 和 $\phi 120$ 的圆拉伸切除，如图 3-34 所示。

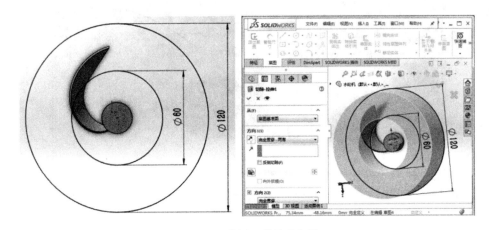

图 3-34 草图 4 并拉伸切除

8. 步骤 8——圆整叶片

分别绘制圆角 1 和圆角 2，圆角半径分别为 5 和 0.2，如图 3-35 所示。

9. 步骤 9——绘制基准轴

在菜单栏点击 "插入→参考几何体→基准轴"，如图 3-36 所示。

10. 步骤 10——阵列叶片

在菜单栏点击 "插入→阵列→圆周阵列"，选项如图 3-37 所示。

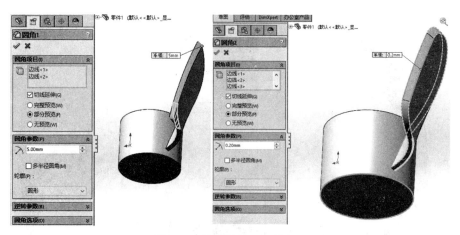

图 3-35　绘制圆角 1 和圆角 2

图 3-36　基准轴 1

11. 步骤 11——圆顶

在菜单栏点击"插入→特征→圆顶",设置如图 3-38 所示。

12. 步骤 12——绘制草图 5

选择圆柱底面绘制一个圆 (φ6),如图 3-39 所示。

13. 步骤 13——生成水轮机轴孔

选择草图 5,进行拉伸切除,切除深度为 20mm,如图 3-40 所示。

14. 步骤 14——上色

点击绘图区域上方的编辑外观图标 ●,在左侧选择合适的颜色,再点击"确认"按

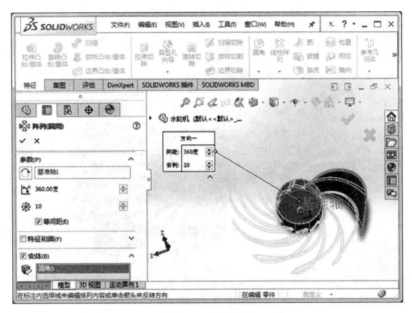

图 3-37 圆周阵列

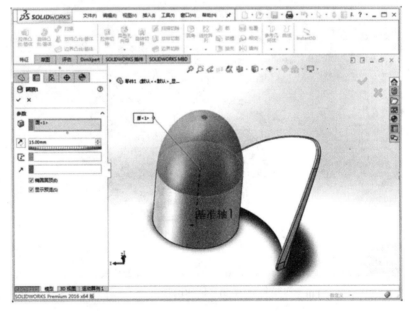

图 3-38 圆顶

钮，如图 3-41 所示。

3.3.3 小黄鸭

上面实例都是采用实体造型，这节介绍 SolidWorks 软件的曲面造型，以小黄鸭模型为

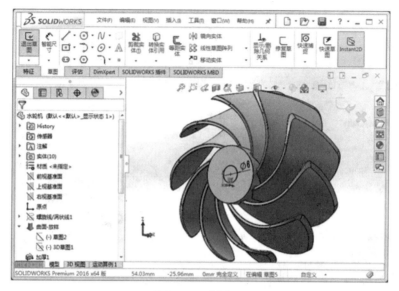

图 3-39　草图 5

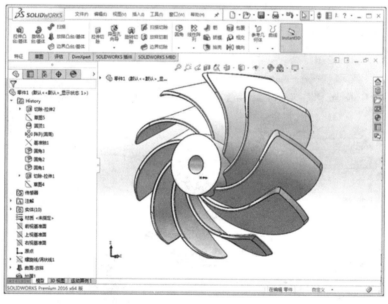

图 3-40　拉伸切除

例，如图 3-42 所示。

　　首先启动 SolidWorks 程序。在标准工具栏中单击"新建"按钮，在弹出"新建 Solid-Works 文件"对话框中选"零件"按钮，单击"确定"按钮，如图 3-43 所示。

　　具体步骤：

1. 步骤 1——绘制小黄鸭身体轮廓

（1）选择上视基准面，绘制如图 3-44 草图 1 中的椭圆（长半轴为 54mm，短半轴为

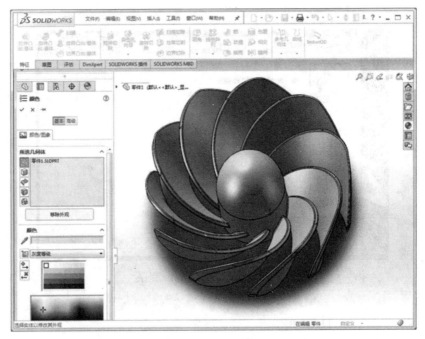

图 3-41 上色后的水轮机

图 3-42 小黄鸭

44mm），作为小黄鸭底面。

（2）退出草图，选择前视基准面，绘制如图 3-45 的两条样条曲线草图 2，作为小黄鸭侧面。

（3）退出草图，回到编辑草图 1，在图示 3-46 处绘制一个点。

（4）退出草图，选择"参考几何体→基准面"命令，通过选择两点和前视基准面新建基准面 1，如图 3-47 所示。

图 3-43　启动 SolidWorks 程序

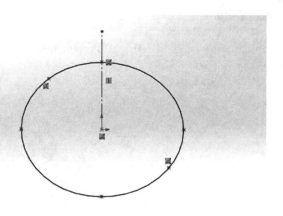

图 3-44　绘制的小黄鸭底面草图 1

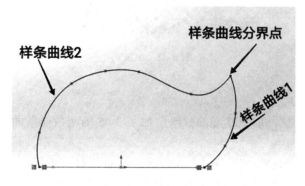

图 3-45　绘制的小黄鸭侧面草图 2

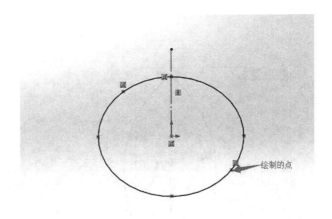

图 3-46　绘制点

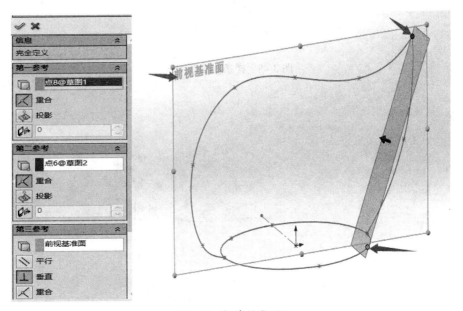

图 3-47　新建基准面 1

（5）在基准面 1 上绘制样条曲线草图 3，先绘制一半再通过镜像实体绘制另一半，如图 3-48 所示。

（6）退出草图，隐藏基准面，得到三个草图，如图 3-49 所示。

2. 步骤 2——绘制鸭子身体的曲面

（1）选择"曲面→放样曲面"或者"插入→曲面→放样曲面"，通过在绘图区空白处或选择空白处鼠标右击选择"SelectionManager"，然后在放样曲面的"轮廓"处分别选入 3 个开环轮廓，如图 3-50 所示。

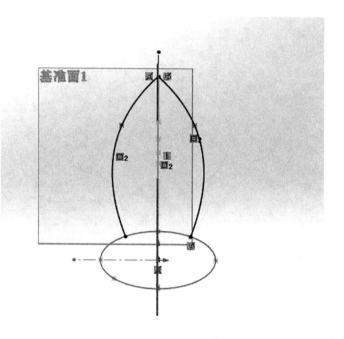

图 3-48 样条曲线草图 3

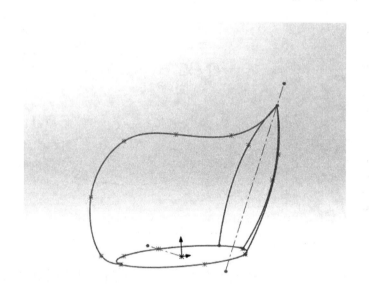

图 3-49 草图

（2）在"放样曲面"命令下的引导线处选入草图 1，如图 3-51 所示。

（3）将吸收到放样命令里的草图显示出来，新建基准面，选择两点和前视基准面，新建基准面 2，如图 3-52 所示。

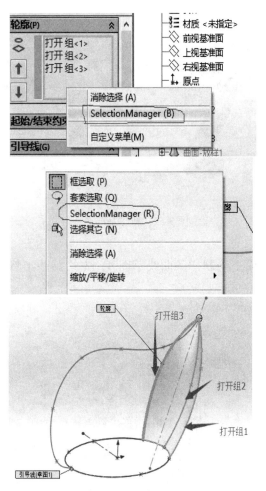

图 3-50　三个开环轮廓

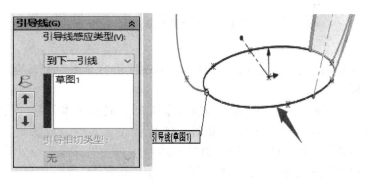

图 3-51　引导线的选入

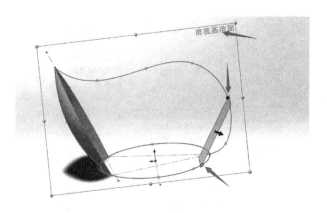

图 3-52　新建基准面 2

（4）在新建的基准面 2 绘制样条曲线草图 4，先绘制一半然后镜像实体，如图 3-53 所示。

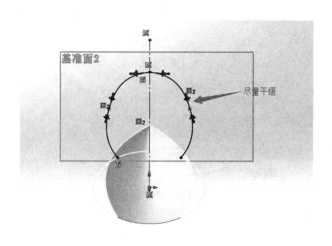

图 3-53　绘制的草图 4

（5）双击退出草图，隐藏基准面，选择右视基准面进行草图绘制，绘制样条曲线草图 5，如图 3-54 所示。

（6）选择上视基准面进行草图绘制，先对椭圆进行"转换实体引用"，然后绘制一条中心线，进行"剪裁实体→到最近端"，如图 3-55 所示。

同上做法，得到另一边的椭圆草图，如图 3-56 所示。

退出草图，得到草图总和，如图 3-57 所示。

（7）选择"放样曲面"命令，轮廓分别依次选择"草图 6→开环放样曲线打开组 1→草图 7"，引导线选择"打开组 2"、"草图 5"、"草图 4"，注意：选择开环曲线时要用 SelectionManager，圆顶如图 3-58 和图 3-59 所示。

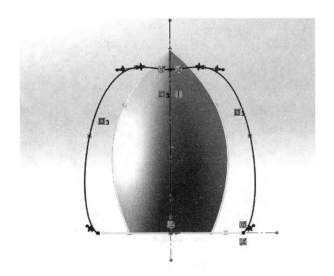

图 3-54　草图 5

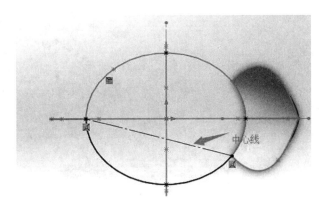

图 3-55　草图 6

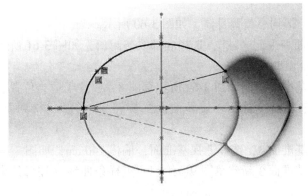

图 3-56　椭圆草图 7

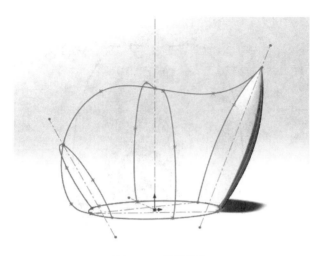

图 3-57　草图总和

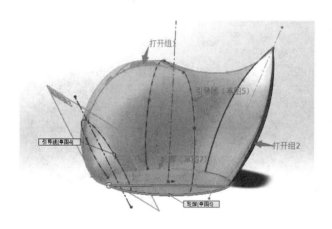

图 3-58　放样曲面轮廓引导线选择

完成放样曲面，得到小黄鸭身体，如图 3-60 所示。

（8）选择"曲面→平面区域"，选择底部线条封口，如图 3-61 所示。

3. 步骤 3——绘制鸭头

（1）选择前视基准面绘制如图 3-62 所示草图 8，放置于适当位置。

（2）退出草图，选择"曲面→旋转曲面（旋转 360°）"，得到曲面实体，如图 3-63 所示。

（3）创建新的基准面 3，选择上视基准面，偏移 140mm，如图 3-64 所示。

（4）在新建的基准面 3 新建草图 9，绘制两点样条曲线（注意约束关系），如图 3-65 所示。

退出草图，选择前视基准面，绘制两点样条曲线草图 10，如图 3-66 所示。

图 3-59 放样曲面轮廓引导线选择

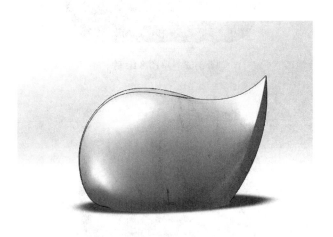

图 3-60 小黄鸭身体

（5）隐藏基准面 3，选择放样曲面，轮廓选择刚刚绘制的两个草图 9、草图 10，放样出小黄鸭的嘴，如图 3-67 所示。

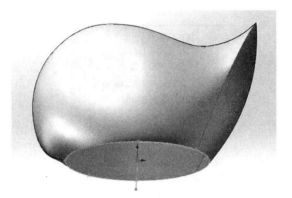

图 3-61　封底面

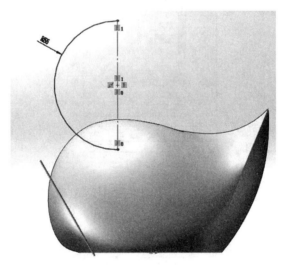

图 3-62　草图 8 绘制

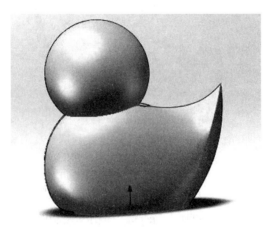

图 3-63　曲面实体

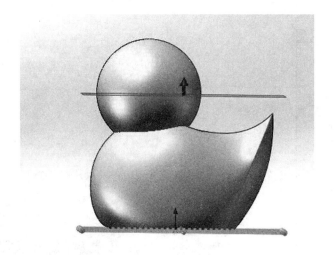

图 3-64　新建基准面

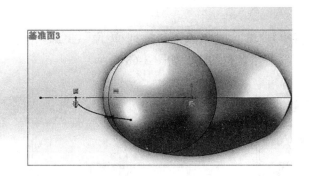

图 3-65　绘制草图 9

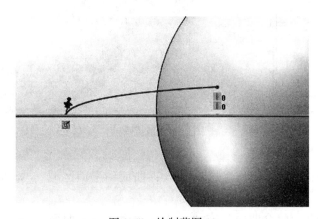

图 3-66　绘制草图 10

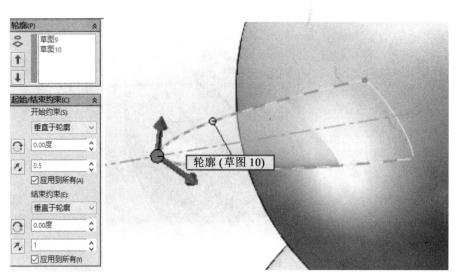

图 3-67　放样嘴

（6）选择"特征→镜像"或"插入→阵列/镜像→镜像"，选择前视基准面为镜像面，选择镜像实体，选择小黄鸭的嘴，如图 3-68 所示。

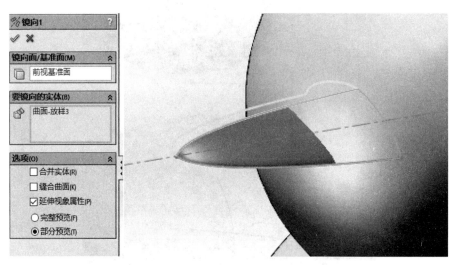

图 3-68　镜像嘴

（7）选择"曲面→平面区域"或"插入→曲面→平面区域"，把嘴封底，如图 3-69所示。

（8）选择"曲面→缝合曲面"或"插入→曲面→缝合曲面"，将小黄鸭的上半嘴三个曲面实体进行缝合，如图 3-70 所示。

（9）选择"曲面→圆角"或"插入→曲面→圆角"，选择恒定大小圆角，对嘴的边

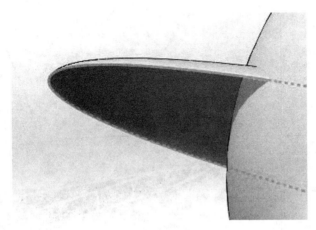

图 3-69   封底

图 3-70   曲面缝合

线进行倒圆角，如图 3-71 所示。

（10）选择"曲面→镜像"，选择上半嘴，镜像面选择上半嘴的底面，如图 3-72 所示。

（11）选择"曲面→剪裁曲面"或者"插入→曲面→剪裁曲面"，选择相互剪裁方式，选择头和上下嘴，然后选择"保留选择"，选择相互不交叉的部分，如图 3-73 所示。

（12）选择"曲面→剪裁曲面"或者"插入→曲面→剪裁曲面"，选择相互剪裁方式，选择身体和头，然后选择"保留选择"，选择相互不交叉的部分，如图 3-74 所示。

（13）使用剖视图（视图向导栏上点击"剖切符号"），观察是否达到剪裁结果，如图 3-75 所示。

（14）解除剖视图（再次点击"剖视图"按钮），选择"曲面缝合"命令，对所有曲面实体进行缝合，形成一个曲面实体，如图 3-76 所示。

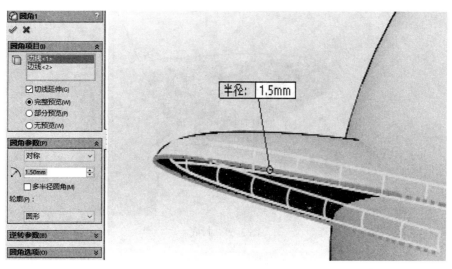

图 3-71　倒圆角

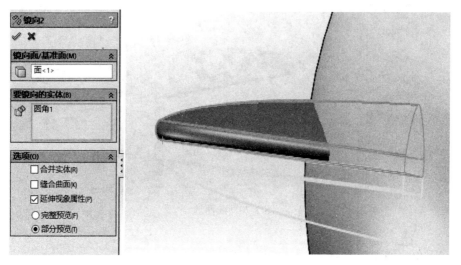

图 3-72　镜像上半嘴

（15）选择"曲面→加厚"，对小黄鸭进行实体化，选择"从闭合的体积生成实体"，如图 3-77 所示。

（16）选择前视基准面，绘制形成眼睛的草图 11，选择"特征→拉伸凸台"命令，拉伸草图，方向 1 选择"到离指定面指定的距离"，选择小黄鸭的头作为面，距离设置为 1.5mm，勾上"反向等距"的复选框。方向 2 与方向 1 相同操作，见如图 3-78 所示。

4. 步骤 4——绘制小黄鸭翅膀

（1）选择前视基准面，绘制如下图所示样条曲线草图 12，得到小黄鸭的翅膀，如图 3-79 所示。

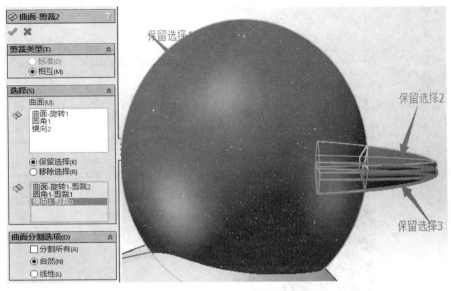

图 3-73　剪裁曲面

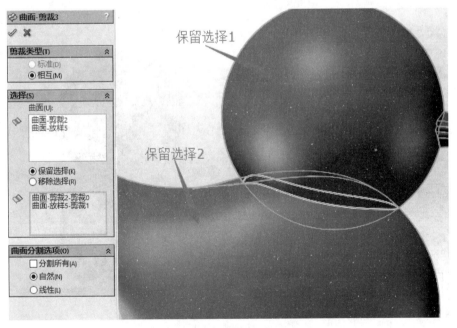

图 3-74　剪裁曲面

（2）对两边翅膀倒圆角，半径为 3.5mm；对眼睛倒圆角，圆角半径为 3.5mm；对头部倒圆角，圆角半径为 1mm；对尾部倒圆角，圆角半径为 4mm；对底部倒圆角，圆角半径为 6mm。为不同的特征编辑不同的颜色外观，并得到小黄鸭模型，如图 3-80 所示。

注：所有倒圆角半径均应根据模型大小，取合适值，本节重点介绍曲面建模法构造三

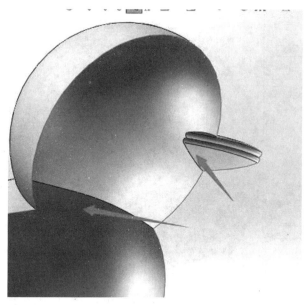

图 3-75　剪裁效果

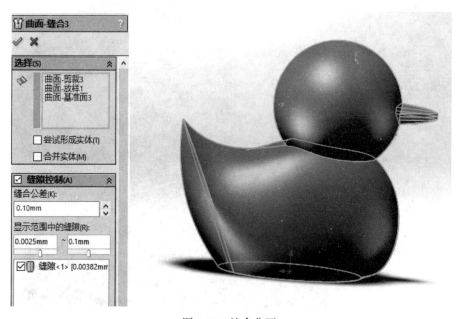

图 3-76　缝合曲面

维模型，且由于本模型主要采用样条曲线构建草图，属于生物模型的建模，故没有对草图进行尺寸固定，只需要更改相应的曲线参数，便可优化小黄鸭外形，生成美观可爱的 3D 打印模型。

图 3-77 加厚界面

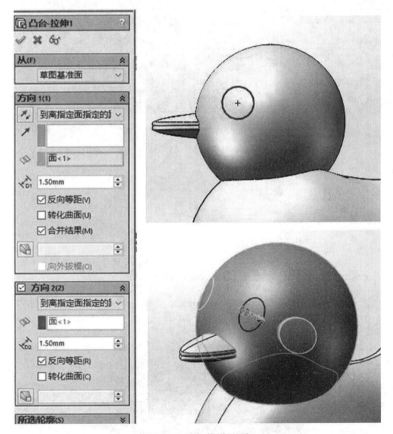

图 3-78 小黄鸭眼睛

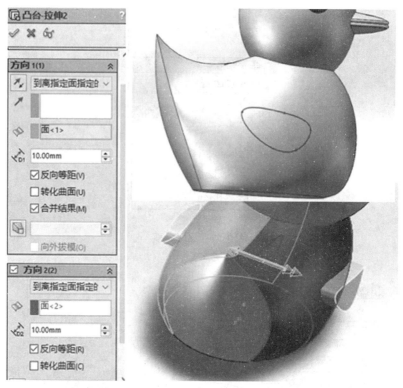

图 3-79　拉伸翅膀

图 3-80　小黄鸭模型

☞ **复习思考题**

1. 草绘练习，要求约束和尺寸标注符合设计意图。

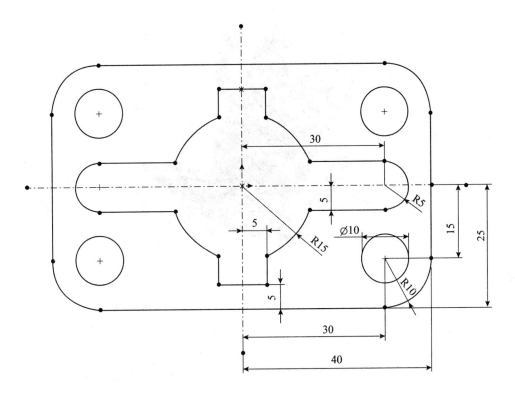

2. 使用 SolidWorks 软件对果盘进行 3D 建模。

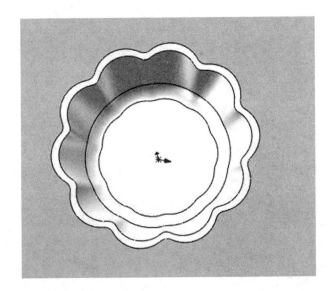

3. 使用 SolidWorks 软件对小黄人进行 3D 建模。

第4章　3D打印设备

【教学基本要求】

（1）了解桌面 UP！3D 打印机及 Eazer 3D 打印机的结构及工作原理。

（2）掌握一种桌面 3D 打印机的操作方法。

（3）熟悉桌面 3D 打印机常见故障的排除方法。

本章根据市场应用的广泛程度，选取典型的 3D 打印设备，介绍设备的结构性能、操作步骤、后处理和设备维护等。本章介绍的 FDM 熔融层积成型技术对应打印设备为：UP！3D 打印机、Eazer 3D 打印机和双喷头 Creator Pro 打印机；SLA 立体光固化成型技术对应的打印设备为光敏树脂 Objet24 打印机；SLS 激光烧结技术对应的打印设备为 YLMs-300 金属打印机；3DP 标准喷墨打印技术对应的打印设备为彩色喷墨 Projet_660 Pro 打印机。

4.1　UP！3D 打印机

UP！3D 打印机采用熔融挤压成型（FDM）工艺，利用热塑性材料的热熔性、黏结性，在计算机控制下层层堆积成型。

适用于 UP！3D 打印机的打印丝材有丙烯腈-丁二烯-苯乙烯共聚物（ABS）或聚乳酸（PLA）。ABS 是一种强度高、韧性好、易于加工成型的工程材料。打印温度为 240℃~270℃，丝材规格为 ϕ1.75mm 和 ϕ3mm。PLA 是一种生物可降解的塑料，无毒无害，打印温度为 190℃~210℃，丝材规格为 ϕ1.75mm 和 ϕ3mm。

4.1.1　设备的结构及性能参数

UP！3D 打印机如图 4-1 所示，主要由基座、打印平台、喷嘴、喷头等部分组成，UP！3D 打印机正面图。

（1）设备的环境要求：室温为 15℃~30℃，相对湿度为 20%~50%。

（2）设备的性能参数见表 4-1。

表 4-1　　　　　　　　　　　　　　　设备的性能参数

打印材料	层厚	打印速度	成型尺寸	外形尺寸	电源要求	模型支撑	输入格式	操作系统
ABS 或 PLA	0.15~0.4	10~100cm³/h	140×140×135	245×260×350	100~240VAC	自动生成支撑	STL	WindowsXP/Win7 及以上

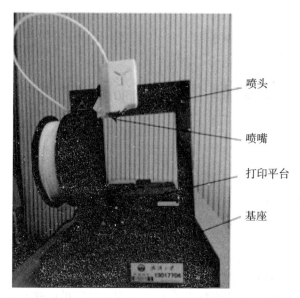

喷头

喷嘴

打印平台

基座

图 4-1　UP! 3D 打印机

4.1.2　控制软件的操作

1. *启动 UP! 程序*

点击桌面上的 图标，出现如图 4-2 所示界面：

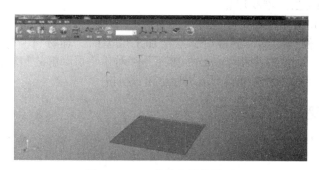

图 4-2　UP! 软件主操作界面

2. *3D 模型载入*

点击菜单中"文件/打开"或者工具栏中"打开"按钮，选择一个想要打印的模型。注意：UP! 仅支持 STL 格式（为标准的 3D 打印输入文件）和 UP3 格式（为 UP! 3D 打印机专用的压缩文件）的文件，以及 UPP 格式（UP! 工程文件）。

将鼠标移到模型上，点击鼠标左键，模型亮显，模型的详细资料介绍会悬浮显示出来，如图 4-3 所示。

（1）卸载模型。将鼠标移至模型上，点击鼠标左键选择模型，然后在工具栏中选择

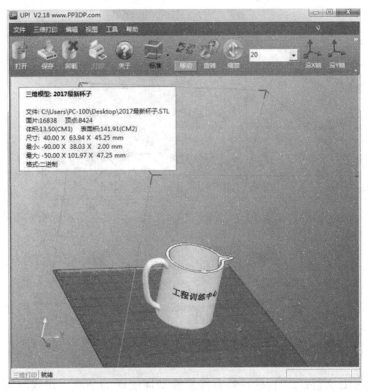

图 4-3　载入模型

"卸载"，或者在模型上点击鼠标右键，会出现一个下拉菜单如图 4-4 所示，选择"卸载模型"或者"卸载所有模型"（如载入多个模型并想要全部卸载）。

图 4-4　卸载模型选项

（2）保存模型。选择模型，然后点击"保存"。文件就会以 UP3 格式保存，并且大小是原 STL 文件大小的 12%～18%，非常便于存档或者转换文件。此外，还可选中模型，点击菜单中的"文件→另存为工程"选项，保存为 UPP（UP Project）格式，该格式可将当前所有模型及参数进行保存，当用户载入 UPP 文件时，将自动读取该文件所保存的参数，并替代当前参数。

（3）STL 文件注意事项。为了准确打印模型，模型所有面都要朝向外。UP! 软件会用不同颜色来标明模型是否正确。当打开一个模型时，模型默认颜色通常是灰色或粉色。

若模型有法向错误，则模型错误的部分会显示成红色，如图 4-5 所示。

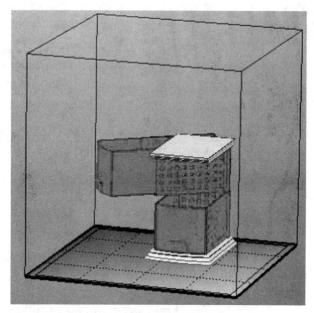

图 4-5　模型错误区域示意

（4）**修复 STL 文件**。UP！软件具有修复模型坏表面的功能。在修改菜单项下有一个"**修复**"选项，选择模型的错误表面，点击"修复"选项即可，如图 4-6 所示。

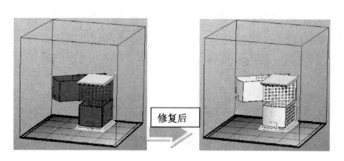

图 4-6　模型修复完成

（5）合并模型。通过修改菜单中的"合并"按钮，可以将几个独立的模型合并成一个模型。只需要打开所有想要合并的模型，按照用户希望的方式排列在平台上，然后点击"合并"按钮。当用户保存文件后，所有的部件会被保存成一个单独的 UP3 文件。

3. 编辑模型视图

用鼠标点击菜单栏"编辑"选项，可以通过不同的方式观察目标模型（也可通过点击菜单栏下方的相应视图按钮实现）。

（1）旋转。按住鼠标中键，移动鼠标，视图会旋转，可以从不同的角度观察模型。

（2）移动。同时按住 Ctrl 和鼠标中键，移动鼠标，可以将视图平移。

（3）缩放。旋转鼠标滚轮，视图就会随之放大或缩小。

（4）视图。该系统有 8 个预设的标准视图存储于工具栏的视图选项中。点击工具栏上的"视图"按钮（点击"启动按钮→标准"）可以找到如下功能（图 4-7）：

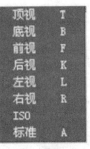

图 4-7 "标准视图"选项

4. 移动模型

点击"移动"按钮，选择或者在文本框里输入用户想要移动的距离。然后选择用户想要移动的坐标轴。每点击一次"坐标轴"按钮，模型都会重新移动。

例如：沿着 Z 轴方向向上或者向下移动 5mm，操作步骤如图 4-8 所示：

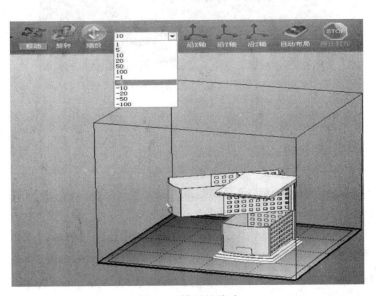

图 4-8 模型的移动

（1）点击移动按钮；

（2）在文本框里输入-5；

（3）点击 Z 轴。

5. 旋转模型

点击工具栏上的"旋转"按钮，在文本框中选择或者输入用户想要旋转的角度，然后再选择按照某个轴旋转。

例如：将模型沿着 Y 轴防线旋转 30°，操作步骤如图 4-9 所示：

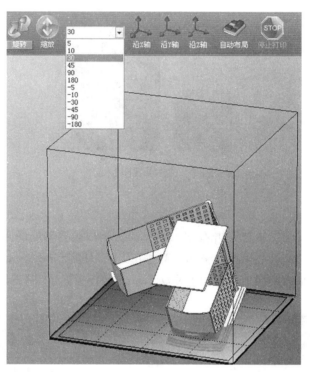

图 4-9　模型的旋转

（1）点击"旋转"按钮；
（2）在文本框中输入 30；
（3）点击"Y 坐标轴"。

注意：正数时是逆时针旋转，负数时是顺时针旋转。

6. 缩放模型

点击"缩放"按钮，在工具栏中选择或者输入一个比例，然后再次点击"缩放"按钮缩放模型；如用户只想沿着一个方向缩放，只需选择这个方向轴即可。

例 1：将模型整体放大 2 倍，操作步骤：

（1）点击"缩放"按钮；
（2）在文本框内输入数值 2；
（3）再次点击"缩放"按钮。

7. 模型的单位转换

此选项可将模型的单位转换为英制，反之亦然。为了将模型单位转换为公制，需要从标尺菜单中选择 25.4，然后再次点击"标尺"按钮。如将模式从公制转换成英制，需从标尺菜单中选择 0.03937，然后再次点击"标尺"按钮（图 4-10）：

图 4-10　模型单位转换选项

8. 将模型放到成型平台上

将模型放置于平台的适当位置，有助于提高打印的质量。尽量将模型放置在平台的中央。

（1）自动布局：点击工具栏最右边的"自动布局"按钮，软件会自动调整模型在平台上的位置。平台上不止一个模型时，建议使用自动布局功能。

（2）手动布局：按住 Ctrl 键，同时用鼠标左键选择目标模型，移动鼠标，拖动模型到指定位置。

（3）使用移动按钮：点击工具栏上的"移动"按钮，选择或在文本框中输入距离数值，然后选择用户想要移动的方向轴。

注意：当多个模型处于开放状态时，每个模型之间的距离至少要保持在 12mm 以上。

4.1.3　3D 打印参数的设置

点击 3D 打印软件菜单选项内的"三维打印→设置"，将会出现图 4-11 所示打印选项的界面：

1. 层片厚度

设定打印层厚，根据模型的不同，每层厚度设定在 0.1~0.4mm。层越厚，打印表面质量越差，打印时间越短，实际操作时根据需要选择合理的打印层厚和质量。

2. 密封表面

（1）角度。这部分角度决定在什么时候添加支撑结构。如果角度小，系统自动添加支撑。

（2）表面层。这个参数将决定打印底层的层数。如果设置 3，机器在打印实体模型之前会打印 3 层。但是这并不影响壁厚，所有的填充模式几乎是同一个厚度（接近 1.5mm）。

3. 支撑

（1）密封层。为避免模型主材料凹陷入支撑网格内，在贴近主材料被支撑的部分要

图 4-11　设置选项

做数层密封层，而具体层数可在支撑密封层选项内进行选择（可选范围为 2 至 6 层，系统默认为 3 层），支撑间隔取值越大，密封层数取值相应越大（图 4-12）。

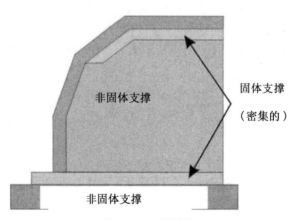

图 4-12　支撑结构

（2）角度。如图 4-13 使用支撑材料时的角度。如果设置成 10°，在表面和竖直方向的成型角度小于 10°的时候，支撑材料不会被使用；如果设置成 45°，在表面和竖直方向的成型角度小于 45°的时候，支撑材料不会被使用。

如图 4-14 所示，从外部移除支撑比从内部移除要简单些，面朝下打印比面朝上打印要使用更多的支撑材料。支撑材料在节耗性、牢固性和易除性上有良好的平衡点。在打印的操作上要充分考虑支撑材料的多少以及支撑是否容易移除等因素。

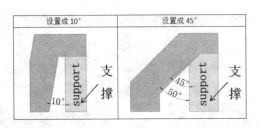

图 4-13　支撑角度

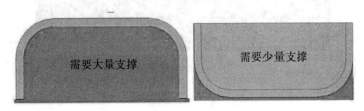

图 4-14　不同的摆放所需支撑材料情况

（3）面积。支撑材料的表面使用面积如图 4-15 所示。例如，当选择 $5mm^2$ 时，悬空部分面积小于 $5mm^2$ 时不会有支撑添加，将会节省一部分支撑材料并且可以提高打印速度。此外，还可以选择"仅基底支撑"以节省支撑材料。

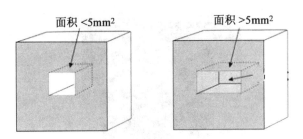

图 4-15　支撑材料的表面使用面积情况

4. 填充

填充结构选项下分为四个不同选项，分别对应不同的填充密度。选择相应的选项，就得到相应密度的填充结构，如图 4-16 所示。

5. 其他选项

（1）稳固支撑。此选项建立的支撑较稳固，模型不容易被扭曲，但是支撑材料比较难被移除。

（2）壳。当选择此项时，将会提高中空模型的打印效率。

（3）表面。当选择此项时，则将仅打印单层外壁，以方便对模型进行简要评估。

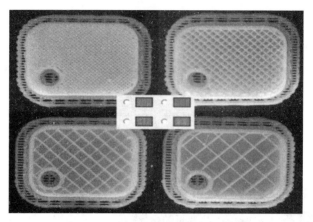

图 4-16　填充结构

4.1.4　3D 打印

1. 初始化

在打印之前，需要初始化打印机。点击"三维打印"菜单下面的"初始化"选项，如图 4-17 所示，当打印机发出蜂鸣声，初始化即开始。打印喷头和打印平台将再次返回到打印机的初始位置，当准备好后将再次发出蜂鸣声。

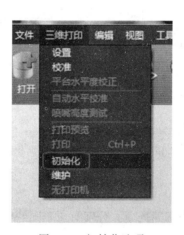

图 4-17　初始化选项

2. 打印设置及预览

打印设置如图 4-18 所示界面的选项。

（1）打印质量。分为普通（normal）、快速（fast）、精细（fine）三个选项。此选项同时也决定了打印机的成型速度。通常情况下，打印速度越慢，成型质量越好。对于模型高的部分，以最快的速度打印，会因打印时的颤动影响模型的成型质量；如果速度过慢，

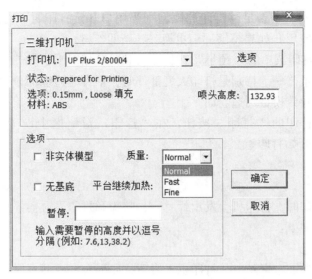

图 4-18 选择打印质量

模型容易变形。对于表面积大的模型，由于表面有多个部分，打印的速度设置成"精细"也容易出现问题，打印时间越长，模型的角落部分越容易卷曲。因此需要根据模型的实际情况酌情选择打印质量的选项。

（2）非实体模型。所要打印的模型为非完全实体，若存在不完全面时，请选择此项。

（3）无基底。选择此项，在打印模型前将不会产生基底。采用无基底打印模式时，一般需在打印平板上粘贴耐热胶带，以增加模型底部与打印平台的附着力，防止模型在打印过程中产生翘边和变形。

（4）平台继续加热。选择此项，则平台将在开始打印模型后持续加热。

（5）暂停。可在方框内输入想要暂停打印的高度，当打印机打印至该高度时，将会自动暂停打印，直至点击"恢复打印位置"。注意：在暂停打印期间，喷嘴将会保持高温。

说明：

（1）开始打印后，可以将计算机与打印机断开。打印任务会被存储至打印机内，进行脱机打印。

（2）模型成本问题。其主要影响因素是模型内部的填充结构和支撑材料，如果想计算出打印模型所需材料用量及打印时间，使用菜单栏"三维打印→打印预览"功能，可计算出所需打印材料的总量及打印时间。如果模型成本过高，使用菜单栏"三维打印→设置"，调整参数，或改变模型摆放方向。

3. 3D 打印

打印预览满足要求后，即可点击菜单栏"三维打印→打印"选项，设备进入三维成型状态。在打印前确保以下几点：

（1）3D 打印机数据线是否连接上，电源开关是否打开，并初始化。载入模型并将其放在软件窗口的适当位置。

（2）检查剩余材料是否足够打印此模型（当用户开始打印时，通常软件会提示用户剩余材料是否足够使用）如果不够，请更换一卷新的丝材。

（3）点击 3D 打印菜单的"预热"按钮，打印机开始对平台加热。打印平台的预热是打印成功的关键因素之一。特别是打印大型部件时，平台的边缘部分通常比中间部分温度要低一些，这样会导致模型两边卷曲。

（4）点击 3D 打印的"打印"按钮，在"打印"对话框中设置打印参数（如质量等），点击"OK"开始打印。

4.1.5 后处理

当模型完成打印时，打印机会发出蜂鸣声，喷嘴和打印平台会停止加热。此时需进行后处理。操作步骤如下：

1. 撤下打印平台

拧下平台底部的 2 个螺丝，从打印机上撤下打印平台。模型支撑材料和模型主材料的物理性能是一样的，只是支撑材料的密度小于主材料，所以很容易从主材料上移除支撑材料。将铲刀慢慢地滑动到模型下面，来回撬松模型。切记在撬模型时要佩戴手套以防烫伤（图 4-19）。

提示：在撤出模型之前要先撤下打印平台，否则很可能使整个平台弯曲，导致喷头和打印平台的角度改变。

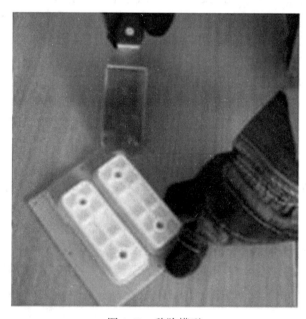

图 4-19 移除模型

2. 去除支撑材料

模型由两部分组成：一部分是模型本身，另一部分是支撑材料。图 4-20、图 4-21 分别展示了模型移除支撑材料前后的状态。

图 4-20 模型未移除支撑的状态

图 4-21 模型移除支撑后的状态

支撑材料可以使用多种工具来拆除。一部分可以很容易地用手拆除，越接近模型本体的支撑，使用钢丝钳或者尖嘴钳更容易移除。后处理通常使用的工具如图 4-22 所示。

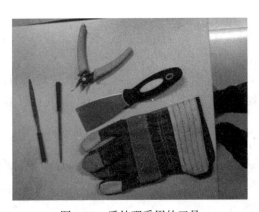

图 4-22 后处理采用的工具

3. 砂纸打磨

它是一种廉价且行之有效的方法，一直是 3D 打印模型后期表面处理最常用、使用范围最广的技术。

常用的做法是采用水磨砂纸配合水对模型进行打磨，首先用粗砂纸进行粗磨，然后再用细砂纸细磨。ABS 3D 打印模型，一般首先采用 240 目的砂纸粗磨，使得模型表面纹路快速细化；然后采用 300 目的砂纸半精磨，使模型表面的纹路基本消除；最后采用 400 目的砂纸精磨，使模型表面光滑，达到喷漆上油前的要求。

4. 溶剂浸泡

ABS 溶于丙酮、醋酸乙酯、氯仿等绝大多数常见有机溶剂，因此可利用有机溶剂的溶解性对 ABS 材质的 3D 打印模型进行表面处理。目前市场可购买专门用于 3D 打印模型的 ABS 抛光液。该方法操作简单，将 3D 打印模型浸泡在溶剂中搅拌，待其表面达到需要的光洁效果，取出即可。

溶剂浸泡能快速消除表面的纹路，但要合理控制浸泡时间。时间过短则无法消除模型表面的纹路，时间过长容易出现模型溶解过度，导致模型的细微特征缺失和模型变形。

4.1.6　设备的安全操作及维护

1. 设备的安全操作

（1）3D 打印机只能使用厂商提供的电源适配器，否则会有损坏及发生火灾的危险。

（2）为避免燃烧、烫伤或模型变形，当打印机正在打印或打印刚完成时，禁止用手触摸模型、喷嘴、打印平台或机身其他部分。

（3）在打印时，请尽量使打印机远离气流，因为气流可能会对打印质量造成一定影响。

（4）在加载模型时，请勿关闭电源或者拔出 USB 数据线，否则会导致模型数据丢失。在进行打印机调试时，喷头会挤出打印材料，因此请保证此期间喷嘴与打印平台之间至少保持 50mm 以上的距离，否则可能会导致喷嘴阻塞。

（5）校准高度时，如喷嘴和平台相撞，请在进行任何其他操作之前重新初始化打印机。

2. 设备维护

（1）工作温度与湿度。3D 打印机的正常工作室温应介于 15° ~ 30° 之间，湿度在 20% ~ 50% 之间，如超出此范围，会影响成型质量。

（2）喷嘴高度校准。如果发现模型不在平台的正确位置上打印或翘曲，就需要校准喷嘴高度。喷嘴的正确高度只需要设定一次，以后就不需要再设置了，这个数值已被系统自动记录下来了。

如打印机移动过，需要重新校准。校准方法如下：

①利用"水平校准器"进行自动检测。检查喷嘴和打印平台四个角的距离是否一致，借助配件附带的"水平校准器"来进行平台的水平校准，校准前，将水平校准器吸附至喷头下侧，如图 4-23 所示。

将 3.5mm 双头线依次插入水平校准器和机器后方底部的插口，如图 4-24 所示，点击

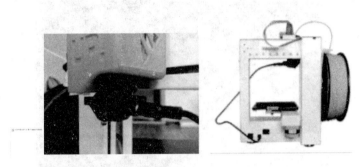

图 4-23　水平校准器自动检测

软件中的"自动水平校准"选项时，水平校准器将会依次对平台的九个点进行校准，并自动列出当前各点数值。

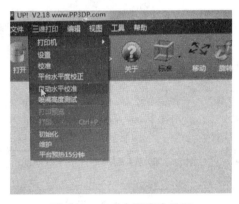

图 4-24　自动水平校准界面

　　如经过水平校准后发现打印平台不平或喷嘴与各点之间的距离不相同，可通过调节平台底部的螺丝来实现矫正。如图 4-25 所示。

　　拧松一个螺丝，平台相应的一角将会升高。拧紧或拧松螺丝，直到喷嘴和打印平台四个角的距离一致。

　　②校准喷嘴高度。为了确保打印的模型与打印平台黏结正常，防止喷头与工作台碰撞对设备造成损坏，需要在打印开始之前进行校准并设置喷头高度。该高度以喷嘴距离打印平台 0.2mm 时为佳。将正确的喷嘴高度记录于"喷嘴 & 平台"下的对话框中"3D 打印菜单→维护"。

　　注意：打印平台上升的最大高度会比设置值高 1mm。例如，当设置框中的喷头高度显示为 122mm 时，打印平台最高只能升至 123mm。

　　如发现因打印平台上升高度不够而无法校准时，请在维护界面（图 4-26）输入需要的数值，并点击"设为喷头高度"按钮。

　　当平台的高度距离喷嘴约 1mm 时，请在文本框中依次增加 0.1mm，直到与喷嘴的距

图 4-25　平台底部三个螺丝

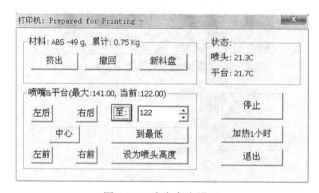

图 4-26　喷头高度设置

离在 0.2mm 之内。

提示：有一个简单的方法可以检查喷头和平台之间的距离，将一张纸折叠一下（厚度大概 0.2mm），然后将它置于喷嘴和平台之间，以此来检测两者间距（图 4-27）。

当平台和喷嘴之间的距离在 0.2mm 以内时，文本框里记下这个数值，这个就是正确的校准高度。

（3）更新材料。

点击 3D 打印菜单中的"维护"选项，按照图 4-28 所示对话框进行操作：

①挤出。将丝材从喷嘴挤压出来。点击"挤出"按钮，喷嘴会加热。当喷嘴温度上升到 260℃，丝材就会通过喷嘴挤压出来。在丝材开始挤压前，系统会发出蜂鸣声，当挤压完成后，会再次发出蜂鸣声。

②撤丝。将丝材从喷头中撤出。当丝材用完或者需要更换喷嘴时，就要点击"撤丝"按钮。当喷嘴的温度升高到 260℃并且机器发出蜂鸣声时，轻轻地拉出丝材，如果丝材中途卡住，请用手将丝材拉出。

③更新材料。该功能可使用户跟踪打印机已使用材料数量，并当打印机中没有足够的

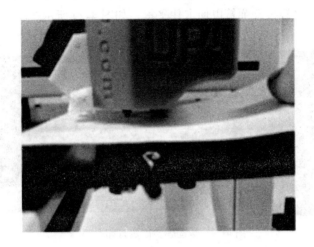

图 4-27 喷头与打印平台间距的测试

材料来打印模型时，发出警告。点击这个按钮，输入当前剩余多少克的丝材。如果是一卷新的丝材，应该被设置成 700g。用户还可以设置要打印的材料是 ABS 还是 PLA，如图 4-28 所示：

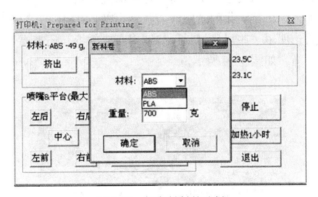

图 4-28 打印材料的选择

提示：一卷空的丝盘重约 280g，如果用户正在安装一卷丝材，请先称重，然后从中减去 280g，最后将丝材的重量输入材料文本框内。

④状态：显示喷嘴和打印平台的温度。

⑤停止打印：停止加热和停止运行打印机。一旦点击"停止打印"按钮，当前正在打印的所有模式都将被取消。一旦打印机停止运行，就不能恢复打印作业了。在使用全部停止功能之后，就需要重新初始化打印机。

（4）准备打印平台。

打印前，须将平台备好，才能保证模型稳固，不至于在打印的过程中发生偏移。可借助平台自带的八个弹簧固定打印平板，在打印平台下方有八个小型弹簧，将平板按正确方向置于平台上，然后轻轻拨动弹簧以便卡住平板，如图 4-29 所示。

图 4-29　拨动弹簧固定打印平板

板上均匀分布孔洞。一旦打印开始，塑料丝将填充进板孔，这样可以为模型的后续打印提供更强有力的支撑结构。

（5）清洗喷嘴。

多次打印之后喷嘴可能会覆盖一层氧化的 ABS。当打印机打印时，氧化的 ABS 可能会熔化，可能会造成模型表面变色，所以需要定期清洗喷嘴。

首先，预热喷嘴，熔化被氧化的 ABS。点击维护对话框中的"挤出"按钮，然后降低平台至底部。最后，使用一些耐热材料，如纯棉布或软纸，还需要一个镊子，或其他一些耐热的东西清理喷嘴，如图 4-30 所示。

图 4-30　清理喷嘴

提示：也可以将喷嘴浸入到丙酮溶液中进行清洗，或者使用超声波清洗喷嘴。

4.2 Eazer3D 打印机

4.2.1 设备的简介及性能参数

Eazer 系列 3D 打印机采用熔融挤压成型（FDM）工艺，由基座、打印平台、喷嘴、喷头等部分组成，Eazer 3D 打印机如图 4-31 所示。

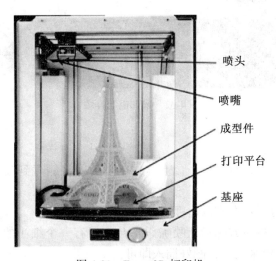

图 4-31 Eazer 3D 打印机

Eazer 系列 3D 打印机成型体积大，成型速度快。性能参数如表 4-2 所示：

表 4-2 　　　　　　　　　　**Eazer 系列 3D 打印机性能参数**

成型体积/mm³	耗材直径/mm	喷嘴直径/mm	材料	文件类型	喷嘴工作温度/℃	平台加热温度/℃	打印层厚/mm
230×225×360	1.75	0.4	ABS 或 PLA	STL/OBJ/DAE/AMF	ABS：180~260 PLA：190~210	50~70	0.08~0.4

4.2.2 工艺过程及操作步骤

1. 打开电源开关

首先打开 Eazer 3D 打印机背部电源开关，如图 4-32 所示：

2. 校准打印空间

（1）选择维护；

图 4-32　背部电源开关

（2）选择空间校准；

（3）根据提示，转动拨盘，让平台上升，在喷嘴即将触碰到喷头时停止转动，选择下一步；

（4）手动拧动螺母，让左右两边都刚好未触碰到喷头；

（5）根据提示，手拧后方螺母让喷嘴跟平台之间有一个细小的空隙，没有相关经验的时候可以用一张 A4 纸来测试，刚好插入即可；

（6）继续拧动左右两边的螺母，方法参照第五步（注：每台机器的情况可能有微小的不同，根据切片不同打印第一层的要求也不同，建议打印时可以手动调整螺母，让平台适应你的切片）。

3. 加载打印耗材

依次选择"维护→高级→加载耗材"。喷头开始加热，当加热到目标温度时挤出机送丝轮开始转动，将耗材的头剪成尖利状，从挤出机进料口插入；

送丝轮的转动会将耗材带入送料管，此时在 LCD 中选择确定，送丝轮高速转动，耗材迅速导入，然后继续等待耗材移动到喷头位置，直到看见喷嘴出料，选择确定，结束加载耗材。

4.2.3　控制软件操作界面

Cura 为 Eazer 自主研发的一款 3D 打印软件系统，它兼容所有切片软件和 3D 设计软件，为所有习惯于特定 3D 建模软件的人群提供专家级模型打印转换接口。用户可以非常简单方便地安装 Cura 中文版，使用 Cura 软件对 STL 文件进行切片处理。

1. 载入模型启动程序

双击 Cura 软件图标，出现如图 4-33 所示的主操作界面。

点击"打开"按钮，可以看到 Cura 软件所支持的文件格式，如图 4-34 所示。

Mesh files 是模型文件，Image files 是图形文件，Gcode files 是切片文件。在此，打开

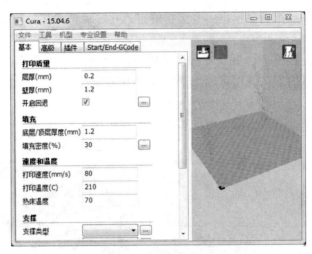

图 4-33　Cura 软件主操作界面

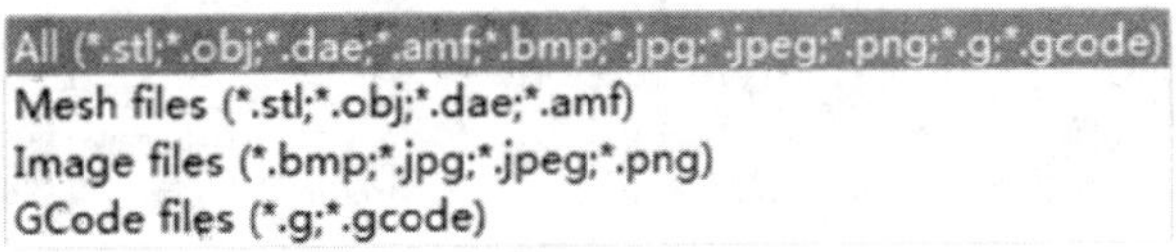

All (*.stl;*.obj;*.dae;*.amf;*.bmp;*.jpg;*.jpeg;*.png;*.g;*.gcode)
Mesh files (*.stl;*.obj;*.dae;*.amf)
Image files (*.bmp;*.jpg;*.jpeg;*.png)
GCode files (*.g;*.gcode)

图 4-34　Cura 软件支持的文件格式

一个 STL 文件，模型显示在窗口中，如图 4-35 所示。

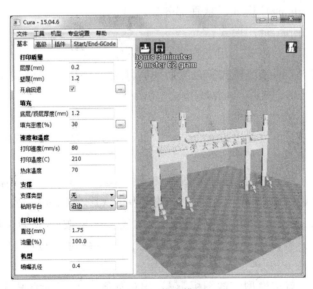

图 4-35　载入模型

Cura 程序在载入模型、调整模型位置和大小之后自动切片，可以观察到模型左上方出现进度条，进度条结束后显示出一个保存按钮，并提示打印耗时和耗材使用情况。

2. 鼠标键的使用

使用鼠标左键拖拽模型，可以安排模型的打印位置；使用鼠标右键拖拽旋转视图方向，以便全方位观察模型；使用鼠标滚轮放大缩小视图。

3. 编辑模型

将光标对准模型，点击右键，出现如图 4-36 所示菜单。

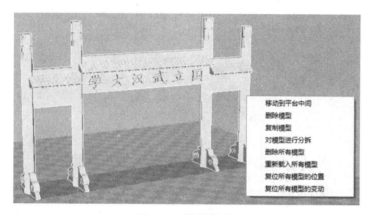

图 4-36　编辑模型

点击右侧视图模式，出现 4 种模式：

（1）常规（Normal）模式；

（2）垂悬（Overhang）模式，悬垂部分显示红色；

（3）透视（Transparent）模式；

（4）X 光（X-Ray）模式，用于观察内部结构；

（5）切片分层（Layers）模式。完成切片后仔细用切片分层模式预览效果很有必要，可以避免切片失败，忘记支撑等低级错误。

4. 模型的翻转、缩放及镜像

点击模型，在左下角位置出现 3 个图标，如图 4-37，从左至右依次是模型翻转、模型缩放、模型镜像。

（1）模型翻转。点击左下角的模型翻转图标█，出现模型平躺█，模型重置█，同时在模型周围出现红黄蓝三个圆圈，分别代表沿 XYZ 轴旋转。如图 4-38 所示，正在沿着红色圆圈旋转 30°角。直接用鼠标操作的时候，这里按照 5°为单位进行旋转。如果需要更精细的控制，可以按下键盘上的 Shift 键，这时就可以按照 1°为单位做更细致的操作。

（2）模型缩放。点击模型缩放图标█，出现如图 4-39 所示的模型缩放界面。

在 ScaleX、ScaleY、ScaleZ 后改变数字，可以改变相应轴向比例。Size X、SizeY、Size Z 后改变数字，可以改变相应轴向尺寸大小。点击 Uniform scale 可进行整体缩放。

（3）模型镜像。点击模型镜像图标█，出现如图 4-40 所示的模型镜像界面。

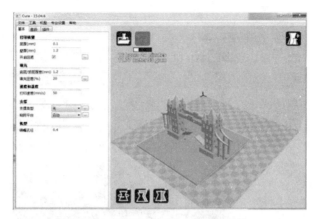

图 4-37 模型的翻转、缩放及镜像

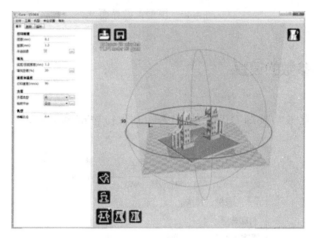

图 4-38 模型翻转界面

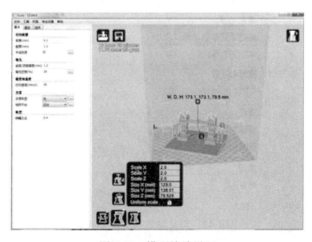

图 4-39 模型缩放界面

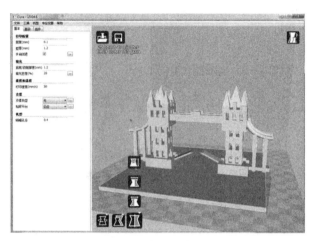

图 4-40 模型镜像界面

4.2.4 3D 打印参数的设置

1. 基本设置

选择菜单栏 "基本" 选项,图 4-41 中参数基本设置可供参考:

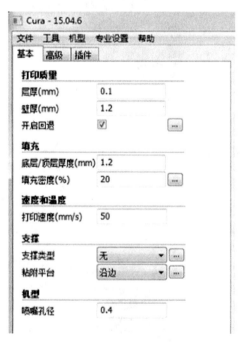

图 4-41 切片参数基本设置界面

（1）打印质量。

①层厚指切片每一层的厚度。层厚越小，打印时间越长，同时打印精度更高。

②壁厚指四周外壳的厚度。

③开启回退指的是在两次打印间隔时是否将塑料丝回抽，以防止多余的塑料在间隔期挤出，产生拉丝，影响打印质量。

（2）填充。

①底/顶厚度类似于四壁的厚度，一般是喷嘴孔径的倍数。

②填充密度是指内部网格状塑料填充的密度。这个值与外观无关，越小越节省材料和打印时间，但强度也会受到一定的影响。

（3）速度和温度。

①打印速度指在 XY 轴打印时的移动速度。

②打印温度 Eazer PLA 耗材熔点 200℃，热床温度 PLA 为 50~70℃，ABS 需要更高的热床温度。

（4）支撑。

支撑类型有三个选项：

①"无"表示无支撑；

②"延伸到平台"表示接触底面支撑；

③"所有悬空"表示底面及模型之上悬空部分的支撑。

黏附平台有三个选项：

①"无"表示不打印黏附平台直接打印零件；

②"延边"表示在第一层的周围打印一个延伸出模型底面的圈层；

③"底座"表示在模型下方打印一层黏附。

（5）喷嘴孔径为 0.4mm。

2. 切片参数高级设置

选择菜单栏"高级"选项，出现图 4-42 中切片参数高级设置界面，可以调整切片参数。

（1）质量（Quality）。

①初始层厚设置一般比其他层略厚。

②初始层线宽一般设置为 120%~200%。

③底层切除用于一些底面不平整的模型，削掉不平的地方从而获得更大的底面接触面积。

（2）速度（Speed）。

①移动速度指的是空程速度。

②底层速度对应底部填充的打印速度。

③填充速度设置挤出送丝跟得上的情况下的最快速度。

④外壳速度设置低速，获得光滑的表面。

⑤内壁速度指内部外壳的打印速度，采用一般的打印速度。

（3）冷却（Cool）。

图 4-42　切片参数高级设置界面

每层最小打印时间是指需要用多长时间打印一层，在第二层覆盖上去之前确保材料固定。

开启风扇勾选，使用风扇制冷。

（4）切片预览检查

在完成切片获得 Gcode 之后，开始打印之前，做一个切片预览检查是很有必要的。使用初期，可以检查支撑是否加对，切片有没有失败等问题；使用熟练后还可观察切片细节，如果切片不当则返回，继续调整参数后切片。

4.2.5　3D 打印

将 SD 卡插入机器的卡槽，选择打印，然后转动旋钮选择需要打印的文件。此时静静等待，机器开始加热热床和喷头。

当加热到目标温度后，喷头开始进行预挤出，注意观察出丝状态，确保出丝顺畅快速，然后打印机将开始打印文件。

注意：保持观察打印件的首层很有必要。关注出丝是否扁平顺滑、平整地贴在热床上，如果首层没有粘牢或者压得太低，可能会让打印件中途从热床上脱开或者 X、Y 轴丢步。

4.2.6 影响打印质量的主要因素

1. 打印平台水平

调水平时，喷嘴与打印平台接触过低将会堵住喷嘴口并擦伤打印平台；过高将导致打印丝不能粘在打印平台上。打印平台调水平是影响打印质量的关键因素。

2. 打印温度

挤出机热端温度和床温如果都升高了，可以将第一层温度设置更高点，这样可以提高打印耗材的黏度。作为一个经验值参考，推荐额外提高 5℃。

3. 打印速度

设置较低的打印速度，有利于熔料的充分挤出，减少拉丝。建议设置为正常打印速度的 30%~50%。

4. 挤出率

设置正确校准的挤出率。假如太多的材料通过喷嘴铺设下来，等到第二层打印的时候将会抬升打印高度（特别是材料冷却以后）；材料太少则会导致第一层打印的和后面打印的松散，或者因黏结力不足而分离扭曲。

5. 第一层高度

第一层作为黏结层需要更多的热量以及挤出更多耗材，一般设置为喷嘴直径的尺寸。例如 0.35mm 的喷嘴则设置第一层高度为 0.35mm。

6. 挤出宽度

设置较宽的挤出宽度。材料接触打印平台越多越好，设置挤出第一层宽度时，可以使用百分比和固定值两种方式。

推荐大约 200%的设置，并结合第一层打印高度设置。例如第一层打印高度如果设置为 0.1mm，挤出宽度设置为 200%，那么实际得到的挤出宽度是 0.2mm，此时实际挤出宽度是小于喷嘴直径的，这样会因挤出的熔丝过少而打印失败；设置第一层 0.3mm，挤出宽度设置为 200%时，将得到一个很好的 0.6mm 挤出宽度。

7. 加热床的材料

可以作为加热床的材料有很多，适合的热床表面将大大提高第一层附着力。

PLA 允许的材料更宽泛些，可以使用 PET，聚酰亚胺胶带，或蓝色的美纹胶带。

ABS 需要的热床材料范围相对窄些，可以使用 PET，聚酰亚胺胶带。在打印前，有人成功地运用发胶，或者 ABS 泥浆（丙酮溶解 ABS）得到很好的附着效果。

8. 冷却

在打印第一层的时候无需冷却，确保风扇和制冷机关闭。

4.3 双喷头 FDM 熔融层积成型打印设备

本节介绍的双喷头 FDM 熔融层积成型打印设备为双喷头 Creator Pro 打印机。其工作原理也是采用熔融挤压成型（FDM）工艺，利用热塑性材料的热熔性、黏结性，在计算机控制下层层堆积成型。

适用于双喷头 Creator Pro 打印机的打印丝材有丙烯腈-丁二烯-苯乙烯共聚物（ABS）或聚乳酸（PLA）。其中，ABS 是一种强度高、韧性好、易于加工成型的工程材料，打印温度为 240~270℃，丝材规格为 ϕ1.75mm 和 ϕ3mm。而 PLA 材料是一种生物可降解的塑料，无毒无害，打印温度为 190~210℃，丝材规格为 ϕ1.75mm 和 ϕ3mm。

4.3.1　设备的结构及性能参数

双喷头 Creator Pro 打印机由基座、打印平台、喷嘴和喷头等部分组成，双喷头 Creator Pro 打印机如图 4-43 所示。

1—左喷头；2—右喷头；3—打印平台；4—控制板

图 4-43　双喷头打印机

双喷头 Creator Pro 打印机可以实现单喷头打印和两个喷头同时打印。该设备的使用环境要求：室温为 15~30℃，相对湿度为 20%~50%。设备的性能参数如表 4-3 所示。

表 4-3　　　　　　　　　　　　　　　　设备的性能参数

打印材料	层厚 /mm	打印速度 /mm/s	成型尺寸 /mm³	外形尺寸 /mm³	电源要求 /（V/AC）	模型支撑	输入格式	操作系统
ABS 或 PLA	0.05~0.5	40~200	230×150×140	480×400×335	100~240	自动生成支撑	STL/OBJ/GX/G	Windows XP/Win7

双喷头 Creator Pro 打印机的材料为 ABS 和 PLA，打印层厚在 0.05~0.5mm 之间，打印速度为 40~200mm/s，打印机的外形尺寸为 480mm×400mm×335mm，成型零件最大尺寸为 230mm×150mm×140mm；该设备的操作系统为 Windows XP/Win7，打印格式为多种即 STL/OBJ/GX/G，并且打印过程中自动生成支撑，电源需为 100~240V/AC。

4.3.2　控制软件操作

1. 启动 ReplicatorG 程序

点击桌面上的 图标，程序就会按照如图 4-44 所示打开。

图 4-44　Replicator G 软件主操作界面

（1）选择喷头类别。

打开 ReplicatorG 软件以后，点击打印机鼠标移动到机器类型（驱动）并选择 Creator 双头选项，如图 4-45 所示。

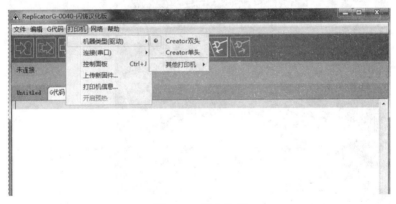

图 4-45　喷头选择

（2）设置 G 代码生成器。

选择好合适的机型后，在顶部的导航栏上点击 G 代码，在 G 代码生成器下选择 Skein-forge（50），如图 4-46 所示。

2. 载入 3D 模型

点击文件>打开，然后浏览并选择你想要打印的文件（如：.STL 格式）。双击导入文件，这样用户就可以在软件界面上预览三维模型了，如图 4-47 所示。

3. 调整模型视图及位置

当模型导入后用户可能会发现它并不在界面的平台上，甚至不在屏幕中，可使用自动布局和手动布局，将模型定位于平台中央。其中，采用手动布局方式，需操作图 4-47 中

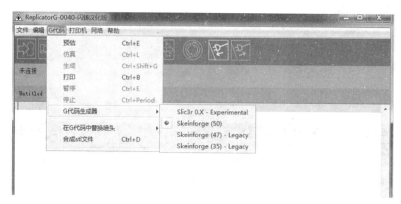

图 4-46　生成器选择

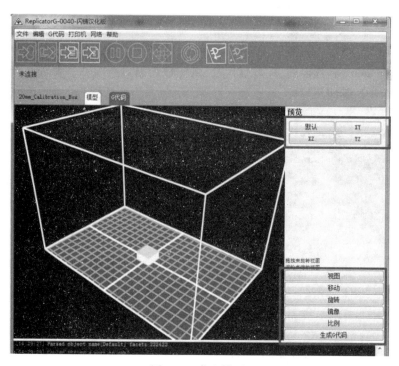

图 4-47　载入模型

蓝色框内的功能键，即视图、移动、旋转、镜像、比例。

4.3.3　3D 打印参数的设置

1. 单喷头打印参数的设置

当完成调节步骤以后，下一步就是生成 G 代码。点击软件界面底部的生成 G 代码按键即可。点击生成 G 代码后，会弹出一个新的设置窗口，设置 G 代码的相关参数，如图 4-48 所示。

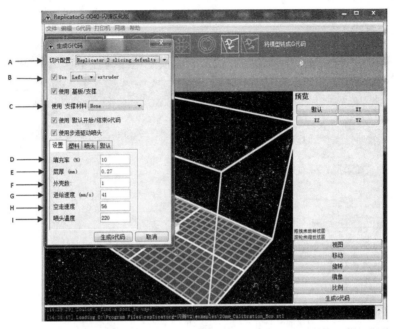

图 4-48　参数设置

（1）切片配置。Replicator slicing defaults 为 ABS 耗材打印专用，Replicator 2 slicing defaults 为 PLA 耗材打印专用。

（2）设置打印喷头。该处是告诉打印机用哪一个喷头来进行打印，左右都可以进行选择。

（3）支撑选项。如果模型有悬空的表面，建议用户勾选支撑打印。None 表示没有支撑，Exterior 表示表面支撑，Full support 表示全支撑。

（4）填充率。100%是实心打印，0%是中空打印。建议设置成 10%，这将节省打印的时间和耗材，而且低填充率也能减少 ABS 材料打印的翘边问题。

（5）层厚。该参数控制打印模型的垂直分辨率，推荐厚度为 0.27mm。

（6）外壳数，设置围墙厚度，通常为 1。

（7）进给速度。这是耗材的进丝速度，通常设置在 30～100 之间，用 ABS 耗材打印建议设置为 60，用 PLA 耗材打印建议设置为 100。

（8）空走速度。这是喷头在打印时的移动速度，通常设置在 30～120 之间。ABS 耗材打印建议设置为 80；PLA 耗材打印建议设置为 120。

（9）喷头温度。喷头的加热温度，这取决于用户的耗材选择，默认设置为 220，如果用户使用的是 PLA 耗材，建议将其设置为 200 左右。当用户完成上述的设置之后，点击生成 G 代码。

（10）注意事项。如果选择用 PLA 耗材打印，在 G 代码生成之后用户需要在代码语句中修改平台温度。请仔细观察下图的修改位置，选择 G 代码，将 M109 S110 修改为

M109 S50 设置 HBP 的温度为 50℃。然后点击"文件→保存"来保存修改。如果选择的是 ABS 耗材就不需要修改 HBP 的温度，如图 4-49 所示。

图 4-49　参数修改

2. 双喷头打印参数设置

打开 Replicator G 选择"G 代码→合成 stl 文件"，如图 4-50 所示。

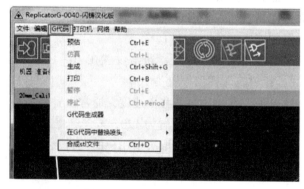

图 4-50　双喷头打印机设置

（1）点击第一个浏览选项找到并选择左喷头的打印文件；

（2）点击第二个浏览选项选择右喷头的打印文件。

（3）例如在软件的安装目录中找到 Examples 文件夹，在 Examples 文件夹中为左喷头选择"Two_color_world_a. stl"文件，重复选择过程，为右喷头选择"Two_color_world_b. stl"文件。如图 4-51 所示。

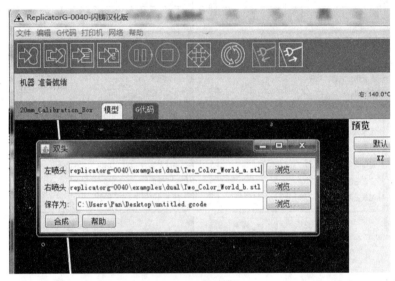

图 4-51　双喷头模型导入

（4）合成文件，并将 . gcode 的格式保存在桌面上。点击"合成"，将会弹出两个对话框。注意：请勿勾选"基板/支撑"选项。

（5）如果想要打印双色的 PLA 模型，参数设置如图 4-52 所示。

（6）如果想要打印双色的 ABS 模型，切片配置选择 Replicator slicing defaults；将进给速度改为 60，将空走速度改为 80。

（7）参数设置完成以后，点击"生成 G 代码"。G 代码生成以后，如果选择的耗材是 PLA，需要在 . gcode 界面修改 HBP 温度为 50，然后保存文件。

4.3.4　3D 打印

1. 初始化

在打印之前，需要初始化打印机。点击"3D 打印"菜单下面的初始化选项，当打印机发出蜂鸣声，初始化即开始。打印喷头和打印平台将再次返回到打印机的初始位置，当准备好后将再次发出蜂鸣声。

2. G 代码生成

设置打印机的打印方式，即单喷头或双喷头；选择所打印的材料，即 ABS 或 PLA；进行模型内部填充结构和支撑材料的设置，并设置打印机的层厚、打印速度和喷头温度等相关参数，最终生成 G 代码。

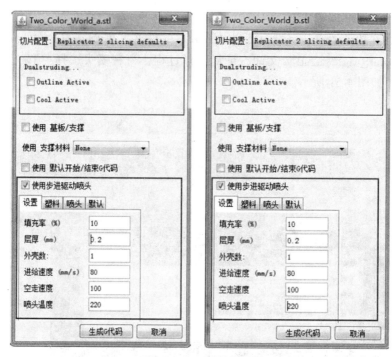

图 4-52　双喷头参数设置

3. 3D 打印

G 代码生成以后，如果已经将 Creator Pro 打印机成功连接到电脑，只需点击如图 4-50 所示菜单栏，选择菜单栏"打印"选项，便可将 G 代码通过电脑传送到打印机，并开始打印；如果没有将打印机连接到电脑，需要将以 .X3G 格式保存到 SD 卡中，将 SD 卡插入打印机的卡槽中，操作 LCD 屏选择用户保存的文件来进行打印。

4. 注意事项

使用 Creator Pro 打印机成功打印的关键之一就是打印平台喷头的预热。特别是打印大型部件时，平台的边缘部分比中间部分要凉一些，这样会导致模型两边卷曲。防止此现象发生的措施：

（1）确保打印平台在水平面上；

（2）喷嘴的高度设置准确；

（3）打印平台被预热完全。

4.3.5　后处理

Creator Pro 打印机与 UP！3D 打印机成型原理相同，故二者的后处理几乎相同。与当模型完成打印时，打印机会发出蜂鸣声，喷嘴和打印平台会停止加热。此时需进行后处理。操作步骤：

（1）移除模型，支撑材料和模型主材料的物理性能是一样的，只是支撑材料的密度小于主材料，所以很容易从主材料上移除支撑材料。慢慢滑动铲刀在模型下面把铲刀慢慢地滑动到模型下面，来回撬松模型，切记在撬模型时要佩戴手套以防烫伤。

（2）去除支撑材料模型由两部分组成。一部分是模型本身，另一部分是支撑材料。具体操作课参考 4.1.5 小节。

4.3.6 影响打印质量的因素及故障分析

Creator Pro 打印机与 UP！3D 打印机成型原理相同，故二者的影响打印质量的因素几乎一样。

1. 工作温度与湿度

3D 打印机的正常工作室温应介于 15 ~ 30℃ 之间，湿度在 20% ~ 50% 之间，如超过此范围，可能会影响成型质量。

2. 喷嘴高度

为了确保打印的模型与打印平台黏结正常，防止喷头与工作台碰撞对设备造成损害，需要在打印开始之前进行校准设置喷头高度。该高度以喷嘴距离打印平台 0.2mm 时喷头的高度为佳。请将正确的喷嘴高度记录于"喷嘴 & 平台"下的对话框中"3D 打印菜单→维护"。

3. 喷头和平台温度

根据打印材料 ABS 或 PLA，设置相应的工作温度，喷头默认温度为 220℃，如果使用的是 PLA 耗材，将其设置为 200℃，平台温度为 50℃。

4.3.7 设备的安全操作及维护

1. 设备安全操作注意事项

（1）Creator Pro 对静电非常敏感，所以在使用前请确保将机器接地。

（2）在对 Creator Pro 进行修理或任何改造前，请确定已关机并拔下电源。

（3）Creator Pro 在工作时的温度非常高，请等待喷头、挤出塑料和加热平台冷却后再进行接触操作。

（4）有些塑料耗材在加热时会产生少量的刺激性气味，因此请保持机器工作环境的通风。

（5）在操作和修理时请勿戴手套，避免因手套卷入机器对人员造成伤害。

（6）请勿在无人看守的时候运转机器。

2. 设备维护

打开 Replicator G 软件，点击"控制面板"图标，跳出控制面板的对话框，按照图 4-53 所示对话框进行操作：

（1）挤出

从喷嘴将丝材挤压出来。点击此按钮，喷嘴会加热。当喷嘴温度上升到 220℃ 时，丝材就会通过喷嘴挤压出来。在丝材开始挤压前，系统会发出蜂鸣声，当挤压完成后，会再次发出蜂鸣声。

（2）撤丝

从喷头中将丝材撤出。当丝材用完或者需要更换喷嘴，就要点击这个按钮。当喷嘴的

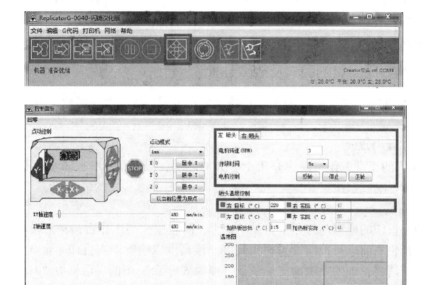

图 4-53　维护界面

温度升高到 220℃并且机器发出蜂鸣声，轻轻地拉出丝材，如果丝材中途卡住，请用手将丝材拉出。

4.3.8　FDM 型 3D 打印常见的质量问题及改善措施

1. 喷嘴不出料

喷嘴不出料有很多种可能性，需要一步一步进行排查。

首先将耗材抽出，观察耗材前端，我们需要把耗材前面变形的部分剪掉，把头部修成尖利状，并手动将耗材从挤出机插入，一直插到底，观察到耗材已经进入喉管，然后在维护界面选择喷头加热，手动推动耗材，观察是否出料。

如果仍然不出料，可以停止加热，将喷头温度降至 60℃，然后把耗材拔出，半固化状态下，可以将喷头前端的余料全部拖出，观察是否是料中的杂质堵住了喷嘴，将喷嘴清理干净，再次重复上一步。

手动送料顺畅之后即可保证喷嘴出料正常。

如果喷头部分没有问题，那么现在开始检查挤出机和送丝轮。观察送丝轮是否有打滑现象，送丝轮如果打滑，可以拆下挤出电机，用六角扳手将送丝轮上紧。观察挤出机是否转动正常。如果不正常，可以拆开挤出机挡板，检查电机接线，和主板上的 E 轴接线。

2. 打印时第一层粘不住平台

第一层粘不住平台主要是由于调平不好造成的，重新进行空间校准。另外，在打印 PLA 材料时，打印平台的温度不要超过 70℃，最好在 60℃左右，首层打印时喷头温度要保证在 200℃左右。

3. 模型翘曲变形

翘边是指打印过程中出现周边向上翘起的现象，有模型底面翘边和非底面翘边。防止措施：

（1）调整平台与喷头距离，或调整切片首层高度，让第一层打印挤出略多的耗材作为铺垫。

（2）黏附平台设置为底座模型。

（3）平台加热。

（4）平台黏结处理，如贴美纹纸等。

（5）降低打印层厚，这样可以减少新增层底部与成型层顶部之间的温差，减少收缩的不均匀。

（6）加快成型速度，可减少同一高度上在长轴方向不同部位的温差，减少收缩不均匀。

4. 喷头堵塞

喷头堵塞的原因一般有以下几种情况：

（1）打印过不同材料。例如一直打印 PLA，然后又打印 ABS，因为两次打印材料的熔化温度不同，当再次打印 PLA 时，喷头温度较低，喷头内部残留 ABS 无法熔化，造成堵塞。通常这种情况可以这样避免：保持熔化 ABS 的温度（240℃）熔化一部分 PLA，一段时间后再用调整旋钮调低控制温度到 200℃。

（2）打印机参数设置不当。挤出量过大，导致喷头不能及时将熔化的材料全部喷出，于是熔融态材料开始在喷头内部向上回涌。当材料回涌到一定高度，由于远离喷头热源，材料会因温度下降而凝固，导致整个喷头堵塞。这种情况容易在首层打印的时候发生，振动或者人为因素造成的打印平台不平或者平台与喷头距离减小等原因，导致材料不能顺畅挤出。

（3）打印机参数设置不当。回退设置过大，导致耗材抽离喷嘴后无法继续推进。

注意：一旦打印机出现故障无法打印（喷嘴堵塞等），即请专业技术人员进行处理。

4.4　SLA 立体光固化成型打印设备

光敏树脂 Objet24 打印机是采用 SLA 立体光固化成型技术，先根据零件截面的形状。激光器选择性扫描，在既定截面的相关区域打印光敏树脂材料，在并在紫外光的照射下进行固化，然后树脂槽内部升降台沿 Z 轴下降一定高度，接着激光器打印固化下一层，如此逐层打印固化直至工件的完成，最后除去工件表面上残余的光敏树脂即可获得所需的工件。

适用于光敏树脂 Objet24 打印机的材料有丙烯酸酯系、环氧树脂系等。液态光敏树脂的组成通常由光引发剂和树脂组成，其中树脂由预聚物（齐聚物）、光引发剂、反应性稀释剂及少量助剂组成。光敏树脂的成型要求为在一定波长（$\lambda = 325/355\mathrm{nm}$）和功率（$P = 30\sim40\mathrm{MW}$）的光源照射下，能迅速发生光聚合反应，分子量急剧增大，成型材料从液态转变成固态；且材料性能必须具备：黏度低、力学性能好、溶胀小、固化收缩小和储存稳定性好。光敏树脂 Objet24 打印机的支撑结构需要单独设计，其材料为 705 无毒凝胶类光敏聚合物。

4.4.1　设备的结构及性能参数

光敏树脂 Objet24 打印机由基座、打印平台、紫外光发射器、喷头、托架、紫外线网和打印材料室等部分组成，光敏树脂 Objet24 打印机如图 4-54 所示。该设备的使用环境要求：室温为 18~25℃，相对湿度为 30%~70%。设备的性能参数见表 4-4 所示。

图 4-54　光敏树脂 Objet24 打印机

表 4-4　　　　　　　　　　　　　　　　设备的性能参数

打印材料	层厚 /mm	成型 尺寸 /mm³	外形 尺寸 /mm³	电源 要求	模型支撑	输入 格式	操作系统
光敏树脂	0.028	240×200× 150	825×620× 590	100~ 240V/AC	单独设计 支撑结构	STL /SLC	Windows XP /Win7

光敏树脂 Objet24 打印机的材料为光敏树脂，打印层厚为 0.028mm，打印机的外形尺寸为 825mm×620mm×590mm，成型零件最大尺寸为 240mm×200mm×150mm；该设备的操作系统为 Windows XP/Win7，打印格式为多种即 STL/SLC，需要单独设计支撑结构，电源需为 100~240V/AC。

4.4.2　控制软件操作

1. 启动 Objet Studio 程序

点击桌面上的 图标，程序就会按照如图 4-55 所示打开。

Objet Studio 打开时，会出现托盘设置屏幕，显示空的成型托盘。Objet Studio 界面包

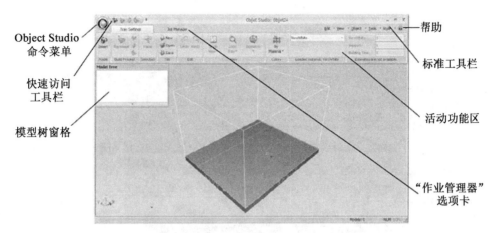

图 4-55 软件主操作界面

含两个主屏幕：

（1）托盘设置，用于排列模型并使模型准备好进行打印；

（2）作业管理器，用于监控和管理打印作业。

2. 准备打印模型

若要打印模型，需要在 Objet Studio 打开一个或多个模型文件并将对象置于成型托盘上。可使用两种方式将对象置于成型托盘上：通过插入独立的 stl 或 slc 文件；通过粘贴复制到 Windows 剪切板的对象。

（1）插入打印模型

点击菜单中"文件/打开"或者工具栏中"插入"按钮，选择所需文件，如图 4-56 所示。

（2）复制/粘贴打印模型

如果想复制成型托盘上的对象，可以多次用对象文件插入相同的对象。然而，有一个更简便的方法，就是复制和粘贴对象。可以从成型托盘或模型树复制对象保留在 Windows 剪切板，直到将对象粘贴到成型托盘上。也可以从一个托盘复制对象并粘贴到另一个托盘，就如同从一个文档复制文本并粘贴到另一个文档一样。然而，Objet Studio 只允许一次打开一个托盘。对于每个需要（同时）处理的成型托盘，用户必须重新运行程序（Windows 开始菜单）打开独立的 Objet Studio 窗口。

和其他 Windows 应用程序一样，可执行复制和粘贴命令如下：

①使用右键单击"上下文"菜单。

②使用键盘快捷键（分别是 Ctrl+C 和 Ctrl+V）。

③选择性粘贴命令（对象的右键单击"上下文"菜单中）能够更高效地放置副本对象，如图 4-57 所示。

- 可以指定同时置于成型托盘的副本份数。
- 可以在每个轴上设置副本对象的距离。

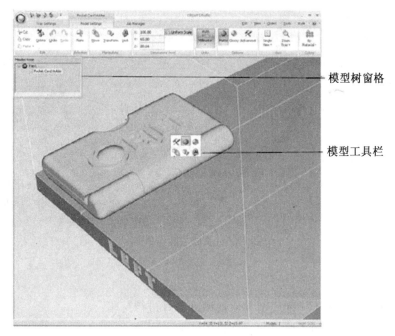

图 4-56　插入模型

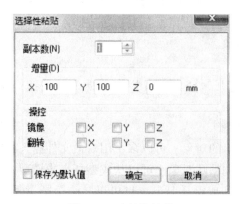

图 4-57　选择性粘贴

- 可以操控原始对象的镜像并在所选轴上翻转它们。

（3）选择对象。

若要在成型托盘上操控对象或为其指定特性（如成型风格），首先选择对象。在托盘上或模型树中，通过单击"对象"来选择它。成型托盘上的图像颜色更改（默认为浅蓝色）并且其文件名在模型树中突出显示。可以通过使用鼠标游标在对象周围绘制方框，或通过在单击其他对象时按住"Ctrl"或"Shift"键来选择多个对象。或者，使用以下编辑菜单命令选择或取消选择对象，如图 4-58 所示。

①全选；

②反向转选择；

③撤消选择对象。

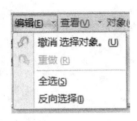

图 4-58 编辑菜单

（4）表面处理。

打印的模型可以是哑光或光泽表面。若要创建哑光表面，打印机用一小层支撑材料围绕模型，设置模型表面：

①选择模型；

②在以下位置之一选择哑光或光泽；

③模型设置功能区的选项组；

④模型工具栏；

⑤右键单击"上下文"菜单（选择模型时）。

3. 在成型托盘上定位对象

若要高效并使用所需表面打印模型，仔细定位对象至成型托盘很重要。影响成型托盘上的对象定位的两个因素是方向和位置。可以让 Objet Studio 确定最佳方向和位置，也可以自己进行控制。

（1）自动定位。

默认情况下，模型在置于成型托盘上时，Objet Studio 会自动定向对象以便使打印时间最短。在将多个对象置于成型托盘上之后，可以让 Objet Studio 在托盘上排列这些对象以进行打印。这可确保正确放置对象，并且会在最短时间内使用最少材料打印它们。若要在成型托盘上自动排列对象，在托盘设置功能区上，单击"定位"，或工具菜单中选择"自动放置"，如图 4-59 所示。

注意：若要获得最佳效果，请使用托盘设置功能区上的自动放置来排列托盘，即使使用自动定向选项插入对象也是如此；所使用的每种模型材料类型的物理特性可能会影响对象在成型托盘上的定位，因此，请在运行自动放置之前选择材料。

（2）手动定位。

①在 Z 轴上定位。

若对象不使用自动定位插入模型，模型经常会在托盘上方或下方出现。若要确保对象总是直接定位于托盘上，如图 4-60 所示。

- 在工具菜单选择选项并显示设置选项卡。

- 在自动放置（引力）区域，选择始终。

（a）对象适当排列前的托盘　　　　（b）应用自动放置后进行的托盘排列

图 4-59　自动定位

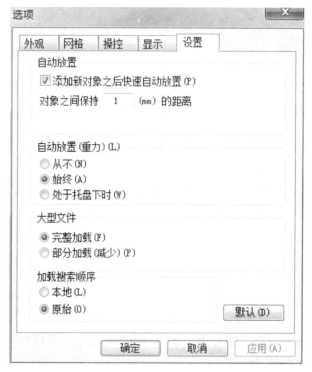

图 4-60　选项对话框的设置选项卡

其他 Z 轴选项（自动放置区域）：

● 当处于托盘下方——处于成型托盘下方的对象显示自动改变，使对象处于托盘水平位置。

● 从不——处于成型托盘上方或下方的对象显示不改变。

②使用网格定位对象。

当定位对象时，在成型托盘的图像上显示网格相当有用。若要使用网格功能，请选择以下菜单选项。

表 4-5	网 格 定 位
菜单选项	结　　果
工具→网格	在成型托盘上显示网格
工具→对齐网格	移动对象时，应将其与最近的网格线对齐
工具→选项→网格	只需单击成型托盘即可改变网格原点（X 轴和 Y 轴的交点）和外观

③度量单位。

度量单位三维文件包含对象的比例，但不包含度量单位。因此，在插入对象时，请确保正确选择毫米或英寸中的一者。否则，成型托盘上的对象尺寸不是太大就是太小。若要在插入对象时设置度量单位，在插入对话框的单位字段，选择毫米或英寸，如图 4-61 所示。

④设置模型尺寸。

可以在模型设置功能区的尺寸组中，通过修改对象在 X、Y 和 Z 轴上的大小来更改对象尺寸。如果启用均匀缩放，则在某个轴上更改对象的尺寸会成比例地影响其他轴上的尺寸，如图 4-62 所示。

图 4-61　插入对话框的单位字段

⑤重定位对象

可以使用箭头键，或使用鼠标进行拖动，在成型托盘上手动移动和旋转对象：通过在成型托盘上或模型树窗格中单击"对象"来选择它；在模型工具栏或模型设置功能区上

图 4-62 模型设置功能区上的"尺寸"

单击"移动"。一个框架会出现在对象周围，并且游标会更改以指示可以移动对象，如图 4-63 所示，如果单击框架的一角，则游标会更改以指示可以旋转对象。

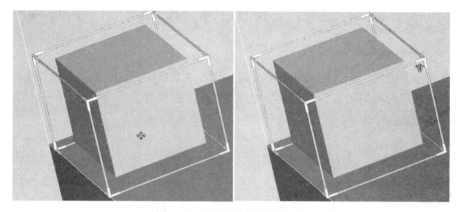

图 4-63 移动对象和旋转对象

同时，可以通过在"转换"对话框中更改属性来精确地更改对象。在模型工具栏或模型设置功能区上单击"转换"，如图 4-64 所示。通过转换框，可进行模型的移动、旋转和缩放设置。

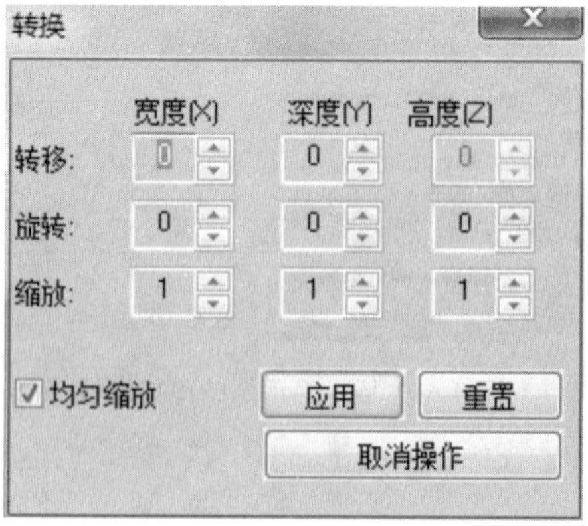

图 4-64 转换对话框

（3）模型方向。

模型在成型托盘的方向会影响模型3D打印机生产模型的速度和效率、使用支撑材料的位置和数量及模型零件表面是否有光泽。因此，当决定如何在托盘上放置对象时，应该根据以下的定位规则考虑各种因素。

①X-Y-Z规则

该规则考虑模型的外尺寸。由于打印头沿X轴向前向后移动，与沿Y轴和Z轴相比，沿X轴的打印时间相对较短。根据这点，建议沿X轴放置对象的最长尺寸。与支撑材料接触的所有表面都会成为哑光。由于模型以30μm层厚建于Z轴，要打印高的对象很耗时间。根据这点，建议沿Z轴放置对象最短的尺寸。由于打印头沿Y轴约2英寸长（5cm），小于该值的模型（Y轴方向）一次通过即可完成打印。根据这点，建议沿Y轴放置对象中等长度的尺寸。

②左高规则

该规则考虑根据其他考虑事项在成型托盘定向后左边比右边高的模型。由于打印头沿X轴从左到右移动，右边高的部分需要打印头作不必要的扫描，从左开始再到达右边。相反，如果上方部分置于托盘左边，则当下方部分完成打印后，打印头只需扫描并打印上方部分。因此，应尽可能将模型高的一边置于左边，打印模型顶端不需要支撑材料。

③凹面向上规则。

该规则考虑表层含有凹面的模型，表层的凹面（如凹陷、钻孔等）应尽量面朝上放置。

④精细表面规则。

该规则考虑有一侧是精致细节的模型（如电话的键盘面），模型含有精致细节的一侧应尽可能面朝上放置。这样可获得光滑表面。

⑤避免支撑材料规则。

该规则考虑在至少一侧有大开孔或凹陷的模型（如管材或容器）。虽然倒置打印模型会更快，直立打印模型较有利，这样支撑材料就不会充满凹陷。

4.4.3　3D打印参数的设置

在将所有对象妥善置于成型托盘上之后，将托盘保存为objtf文件，该文件将被发送到3D打印机打印。但在保存托盘之前，需要进行打印参数的设置和确认，以保证打印过程中将不会出现任何问题，并计算生产时会消耗多少材料及要花多长时间。

1. 托盘验证

在向打印机发送作业进行生产前，需检查托盘是否有效并且能打印。在托盘设置功能区的成型流程组中，单击"验证"或在工具菜单中选择"放置验证"。如果托盘是无效的，托盘上有问题的模型的颜色将根据预设的代码而更改，如图4-65所示。

2. 打印估算

Objet Studio可使用户在发送托盘至打印机前计算生产托盘所需的时间和材料资源。Objet Studio执行计算所花的时间取决于托盘上的对象数量及其复杂度。为充满的托盘估算生产需要15min，取决于用户计算机的规格。在托盘设置功能区的成型流程组中，单击

图 4-65　颜色代码

"估算"，Objet Studio 完成生产资源的计算之后，结果会显示在托盘设置功能区上的估计消耗组中。

　　3. 打印托盘文件

　　当托盘准备好进行打印时，会置于作业队列中。作业到达队列前端后，Objet Studio 会预处理托盘文件以创建切片，并将其传送至 3D 打印机。在托盘设置功能区的成型流程组中，单击"成型"。如果还未保存成型托盘文件，另存为对话框会打开供用户即刻保存。Objet Studio 检查托盘上的对象定位是否有问题。如果有问题，受影响的对象将显示出特殊的颜色，并出现警告消息。作业管理器屏幕会打开，以使用户在打印前、打印过程中和打印后监控托盘的进度。

4.4.4　3D 打印

　　1. 启动光敏树脂 Objet24 打印机

　　（1）打开位于打印机背部的主电源开关，主电源开关开启 Objet 打印机，包括内置计算机。

　　（2）启动 Objet 程序，在打印机计算机桌面上双击 Objet 打印机图标，显示 Objet 打印机界面屏，打印机的所有监控和控制均在此界面完成，如图 4-66 所示。

　　2. 加载模型材料盒和支撑材料盒

　　光敏树脂 Objet24 打印机使用两个模型材料盒和两个支撑材料盒，每盒满重 1kg，所

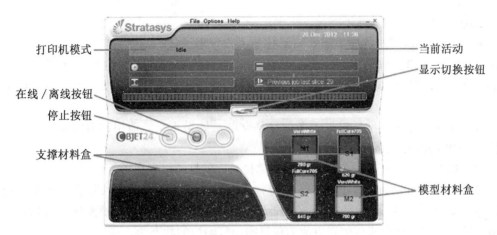

图 4-66 光敏树脂 Objet24 界面

装载材料盒的图示及其当前重量显示在打印机界面，但仅当材料抽屉关闭时，打印机控制界面才会显示已载入材料盒的类型和重量。加载模型材料和支撑材料的步骤为：

（1）从打印机的前部，推动材料抽屉以将其拉开。

（2）如果需要更换材料盒，直接拉出卸下旧材料盒。

（3）在相应材料室中放入模型材料盒和支撑材料盒，如图 4-67 所示。

图 4-67 材料抽屉

（4）关闭材料抽屉。

（5）检查打印机界面以确保检测到新的材料盒并显示了其重量（参见图 4-66）

3. 3D 打印

在 Objet Studio 应用程序中插入或复制/粘贴生产模型的 .stl 文件，并对生产模型进行定位、方向设置和参数的设置；将生产模型妥善置于成型托盘上之后，将托盘保存为 .objtf 文件，并将发送该托盘文件进行 3D 打印。在进行 3D 打印之前，需要进行以下操作。

（1）确保打印机成型托盘是干净的且是空的。如果不是，请用刮刀清除凝固的打印材料，并用湿润的清洁布彻底清理托盘。

（2）确保加载了充足的模型材料和支撑材料，如打印机界面所示。

（3）在打印机界面，单击红色按钮将打印机切换至在线模式，按钮的颜色由红色变为绿色，如图 4-68 所示。如果作业管理器队列中有作业，则该作业被发送至打印机。在打印机界面，打印机模式从闲置更改为预打印，打印机的状态为：

①打印模块变热。如果自上次打印作业以来已超过 48h，则打印头中的打印材料会进行冲洗并更换，以确保打印质量。

②紫外线灯点亮预热。开始打印后，Objet Studio 发送七个切片至打印机。此为 Objet Studio 和打印机之间的标准缓冲。在打印每个切片时，会将另一个切片发送至打印机。根据生产模型的大小，打印要花几小时至几天的时间。只要供应材料盒有足够的模型材料和支撑材料，打印将自动进行，直到完成作业。

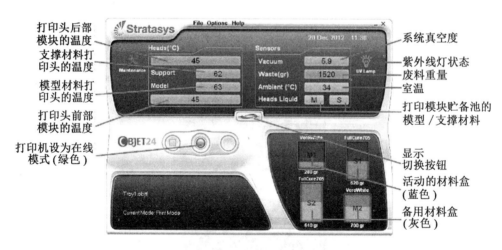

图 4-68　打印机指示器

4. 打印停止后恢复生产

如果打印过程中断，则 Objet Studio 会停止向打印机发送切片。例如，如果打印材料在打印作业中途耗尽，并且用户不想立即更换空材料盒，则可能会发生这种情况。在打印机更改为待机或闲置模式之后，需要从 Objet Studio 的作业管理器屏幕恢复打印。在打印停止之后，打印机会进入待机模式，此时打印头的加热减少。大约 20min 之后，打印机会进入闲置模式，此时打印头的加热停止。若要继续打印模型：

（1）如果打印机处于离线模式，请通过单击打印机界面底部的红色按钮将其切换为在线模式。按钮由红色变为绿色（请参看图4-68）。

（2）如果不知道打印停止的原因，请确保打印机与服务器计算机之间的连接处于活动状态。

（3）在 Objet Studio 的作业管理器屏幕，单击"恢复"图标。

（4）在出现的"从切片继续"对话框中，检查打印机界面后确认切片数，如图4-69所示。

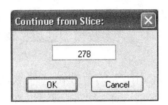

图4-69 从切片继续对话框

（5）无论任何原因，对话框没有显示正确的数值，请输入正确的数值并单击"确定"。

（6）无法打印情况，最后打印的切片数没有出现在打印机界面中，即使服务器计算机显示了"从切片继续"确认对话框；打印期间中断时间较长，即使 last slice（最后切片）和 continue fromslice（从切片继续）指示器是正确的；已打印的部分模型可能变形或收缩，所以可能在已打印和新打印的部分间有可见的差别；打印中断对模型产生的效果取决于模型大小和结构、使用的模型材料、周围环境温度和中断时间长度。

4. 关闭打印机

只有在一个星期或更长时间内不使用时，才需要关闭 Objet 打印机。否则，打印机可以保持打开（处于闲置模式）。关闭过程会冲洗打印机组件中的打印材料。为避免冲洗掉珍贵的材料，请确保至少一周打印一次模型。许多打印机操作员都会使用此机会打印客户样本或测试模型。关机时有两种状态：

（1）在少于一周的时间内关闭打印机或打印机计算机之前，请运行"关机向导"。此向导会在关机之前清理打印材料的打印头。

（2）在一周或以上的时间内关闭打印机或打印机计算机之前，请运行"材料冲洗/填充向导"。此向导会使用清理液更换打印模块中的打印材料。然后运行"关机向导"以完成关机过程。

4.4.5 后处理

1. 打印后卸下模型

打印模型后，在处理模型之前尽可能让模型冷却。如果无需在打印机上打印其他模型，最好关闭封盖，花尽可能长的时间让模型在打印机里冷却。如果必须尽快使用打印机打印其他模型：

（1）让打印的模型在成型托盘上冷却至少10min。

（2）务必小心地用刮刀或刮铲（工具包有提供）将模型从托盘卸下，当心不要撬动或弄弯模型。

（3）将模型置于平面，接着盖上纸板盒或纸罩，这让模型逐渐均匀地冷却。

（4）让模型冷却几小时。

2. 移除支撑材料

打印的模型冷却之后，必须移除支撑材料。完成此步的方法有多种，取决于模型大小、精致程度、支撑材料的多寡及位置和其他因素。主要由以下 3 种方法：

（1）手动移除多余支撑材料，戴上防护手套，剥离模型外部多余的支撑材料。若是精致的模型，将模型放水中浸渍，再用牙签、针、小刷子清理。

（2）用水压移除支撑材料，对于大多数模型来说，移除支撑材料最有效的方法是使用高压水枪。

（3）用苛性钠移除支撑材料，用 2% 的苛性钠（氢氧化钠）溶液浸泡模型，移除死角区域的支撑材料，让模型的表面光滑、干净。模型浸泡在溶液的时间取决于模型的精细程度及需要移除的模型材料的多寡，通常是介于半小时至几小时之间。最优的移除材料工艺是先手动移除尽量多的支撑材料，再用苛性钠处理，然后彻底（用水枪）冲洗模型。

（4）注意事项，苛性碱可导致化学灼伤、疤痕和失明。苛性碱与水混合产生热量，可点燃其他材料。绝对不要将水灌入苛性碱溶液。在稀释溶液时，应始终将苛性碱添加到水中。要做足安全保障措施，处理苛性钠和浸泡过的模型时务必戴上丁腈手套。

3. 储藏模型

模型打印后就凝固，在相当长一段时间内都可保持安全和稳定。然而，为防止变形，必须达到适当的储藏条件：将模型储藏在室温和低湿的环境；请勿将模型直接暴露于日光或其他热源。

4.4.6　影响打印质量的因素及故障分析

基于光敏树脂 Objet24 打印机的成型原理，影响其打印质量的主要因素为光敏树脂材料和支撑结构。

1. 光敏树脂材料

光敏树脂材料要求黏度低，有利于成型过程中树脂较快流平；力学性能良好，具有一定的硬度和强度；溶胀小，主要由于光敏树脂材料进行湿态成型时液态树脂中的溶胀会造成尺寸偏大；固化收缩小，固化收缩时应先 SLA 制件精度最主要因素，在由液态向固态转化的过程中，固化收缩导致原型件产生变形、翘曲、开裂等缺陷，影响制件的精度和力学性能；储存稳定性好，不会发生聚合反应，不会因为组成分挥发而导致黏度增大，并被氧化变色；光敏性高，光敏树脂在光束扫描到液面时立刻固化，而当光束离开后聚合反应必须立即停止，否则会影响精度。

2. 支撑结构

光敏树脂 Objet24 打印机需要单独设计工具的支撑结构，以确保在成型过程中制作的每一个结构部分都能够可靠的定位，且固定和保持原型/零件的形状、减少翘曲变形方面有着重要作用。在成型过程中，不允许制件在某一截面上成型的孤立轮廓或悬臂轮廓缺乏定位支撑。并设计一些细柱、十字、网格或肋状等辅助结构，从工作平台生长至孤立轮廓或悬臂轮廓出现的片层，以便对其进行可靠定位，同时有助于减少片层之间的翘曲变形。

4.4.7　设备的安全操作及维护

1. 设备安全操作注意事项

（1）光敏树脂在固化前是危险的材料，要防止可能发生的危害，遵循有关打印材料的防范措施：请勿置于火焰、高温或火星下；避免材料接触皮肤和眼睛；保证处理材料的区域空气流通；与食物和饮料分隔开。但是，凝固的成型部件是安全的，无需防范即可对其进行处理和储藏。

（2）在处理为清洗的打印模型时请戴上防护手套。

（3）停止运行后，打印机的某些部件仍会保持极高温度。不要触摸紫外线灯和打印模块。

（4）打印机中使用的紫外线灯会排出危险辐射线，若打印机机盖打开后，紫外线灯仍发光的话，请不要直视紫外线灯光。

2. 设备维护

为了在 Objet 3D 打印机上获得理想的效果，例行维护是必不可少的。在指定时间间隔内执行维护任务以优化打印机性能，维护时间表如表4-6所示。

表 4-6　　　　　　　　　　　　　　例行维护时间表

频率	每个打印作业后	每周	每周	每周	每月及更换打印头后	每500h打印后或每6个月一次	每1000h打印后或每年一次	每年1次
任务	清理打印头和滚筒成型托盘及周边区域	执行图样测试	清理并检查橡皮刷	重启打印机计算机和服务器计算机	检查打印头是否对齐	校准称重元件	由授权工程师进行维护	检查活性炭除臭过滤器有无必要更换

Objet 3D 打印机维护应遵循以下规则：每个打印作业后，需要清理打印头和滚筒成型托盘及周边区域；每周需进行图样测试，清理并检查橡皮刷，以及重启打印计算机和服务器计算机；每月及更换打印头后，应检查打印头是否对齐；每500h打印后或每6个月一次，应校准称重元件；每1000h打印后或每年一次，应由授权工程师进行维护；每年一次，检查活性炭除臭过滤器有无必要更换。

3. 打印头的清理

周期性检查和清理打印模块底部的孔板，确保打印喷口没有阻塞。向导将引导用户完成操作，并调整打印机的组件以使用户执行该操作。若要以最佳条件维护Objet24打印机，请在每次打印作业之后，在从成型托盘移除模型时清理打印头。该程序约需要20min。具体步骤如下：

（1）准备，异丙醇（IPA）或乙醇，一次性清洁手套，提供的清洁布或同类物品，镜子。

（2）从选项菜单启动打印头清理向导，并根据向导提示进行操作。

（3）将镜子置于成型托盘上，戴上手套，用酒精浸泡清洁布，以前后移动的方式清理孔板如图 4-70 所示，用镜子确保用户清除了所有残余材料。清理以后，确认向导提示，并关闭机盖。

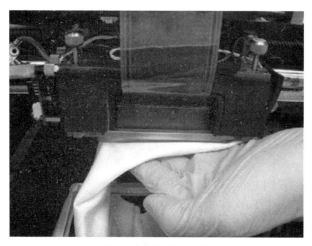

图 4-70　清理打印头

4. 图样测试

图样测试是验证打印机能否生产优质模型的基本方式，该测试显示了打印头喷管的状态。要执行图样测试步骤：

（1）请确保成型托盘为空。

（2）准备一张粉红色的纸，大小约为 21cm×14cm。A4 或信纸的一半。

（3）在打印机中，将粉红色纸粘在成型托盘中心。

（4）按 F3 或打开选项菜单并选择"图样测试"，如图 4-71 所示。

（5）仔细检查测试纸，看看是否缺失线条。若缺失太多线条，尤其是当这些线条处于相同区域时，说明生产模型时打印的质量会很差。

5. 提高打印质量

如果认为打印质量不好，可执行图样测试，如果结果不能接受，请执行以下操作提高打印质量，并根据测试结果重复进行以下操作：

（1）手动清理打印头，用模型材料和支撑材料清洗打印头，用橡皮刷清除打印头上过多的材料。

（2）执行清洗序列。

（3）执行图样测试。

6. 清理并更换橡皮刷

橡皮刮片在清洗序列后清除打印头上多余的材料。此步在每次打印作业前自动完成，

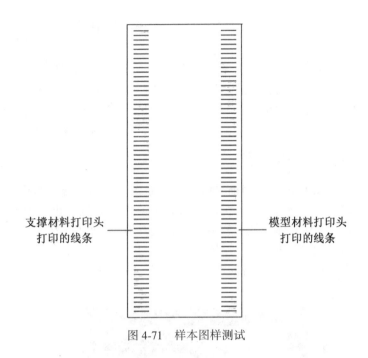

支撑材料打印头 打印的线条   模型材料打印头 打印的线条

图 4-71　样本图样测试

且在维护任务期间手动执行。至少应该每星期清理一次橡皮刷及其周边区域。如果橡皮刷损坏或磨损，请将其更换。

根据向导提示，戴上清洁手套，使用清洁布和大量酒精，清除橡皮刷及其周边区域的残余材料；检查橡皮刷，如果橡皮刷有刮痕、裂痕或磨损，或者如果不能彻底清理橡皮刷，请更换橡皮刷；从打印机移除所有工具和清理材料，并关闭机盖。

7. 校正测压元件

测压元件是测量打印机打印材料盒和废料容器重量的传感器。为了方便和防止不必要的打印材料废料，周期性检查重量测量是否准确很重要。建议在打印 500h 后或以每六个月一次的频率校准测压元件。

（1）从选项菜单启动测压元件校准向导；

（2）按向导指示卸下材料盒或容器，然后关闭材料抽屉；

（3）在向导屏幕中，观察数值并等到水平相对平稳，即比显示的平均水平高或低两个单位，并完成向导，校正测压元件。

8. 更换除臭过滤器、换紫外线灯和废料容器

如果打印机排气口未连接到外部通风系统，则内置活性炭过滤器会清除打印材料中的气味。为了使工作环境舒适宜人，应定期更换此过滤器。

用于固化模型的紫外线灯的工作寿命虽然很长，但还是有限的。维护工程师会在定期维护检查期间测试其有效性，并根据需要进行更换。

打印机废料含有打印机正常运行和维护时收集的部分凝固的聚合材料。为确保安全和环保，应将该材料保存在特制的防泄漏的一次性容器中。

4.5　SLS 激光烧结金属打印设备

YLMs-300 金属打印机是利用 3D 模型切片数据的轮廓数据，生成填充扫描路，控制激光束选区熔化各层的金属材料，逐步堆叠成三维金属零件。

适合于 YLMs-300 金属打印机的材料包括：模具钢 18Ni300、钛合金 Ti6Al4V、铝合金 AlSi10Mg、不锈钢 304、不锈钢 316L、钴铬钼合金 SP2、高温合金 IN718/IN625 等。

4.5.1　设备的结构及性能参数

YLMs-300 金属打印机由激光扫描系统、铺粉系统、送粉系统、基板和冷却系统等部分组成，如图 4-72 所示。该设备的使用环境要求：在粉末附近禁止吸烟或点燃任何材料、该设备打印时需要对工作腔体充氮气或氩气。放置设备的房间要保持良好的通风，室内恒温 25℃。冷却水设置温度：夏季（周围环境温度高于 30℃）29±0.5℃；冬季（周围环境温度低于 30℃）25±0.5℃。该设备的性能参数见表 4-7 所示。

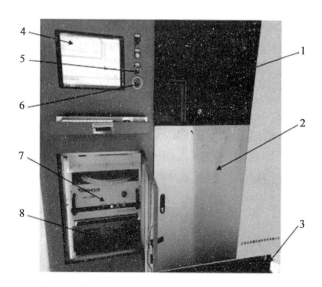

1—观察窗；2—成型舱下部；3—调节支脚；4—电脑显示屏；
5—主电源开关；6—急停按钮；7—激光器；8—电脑主机
图 4-72　YLMs-300 金属打印机

表 4-7　　　　　　　　　　　　　　设备的性能参数

打印材料	层厚	激光扫描速度	成型尺寸	外形尺寸	电源要求	模型支撑	输入格式	操作系统
金属	0.05~0.4	7000mm/s	300mm×300mm	1800mm×1175mm×2017mm	100~240V/AC	无支撑	stl、aff、job	Windows XP/Win7

YLMs-300金属打印机的材料为金属，打印层厚在0.05～0.4mm之间，激光扫描速度为7000mm/s，打印机的外形尺寸为1800mm×1175mm×2017mm，成型零件最大尺寸为300mm×300mm mm；该设备的操作系统为Windows XP/Win7，打印格式为多种即STL/aff/job，不需要支撑结构，电源需为100～240V/AC。

4.5.2　控制软件操作

YLMs-300金属打印机进行打印之前，需要使用分层软件对片层格式模型进行切片分层，再根据切片数据的轮廓数据，生成填充扫描路，并控制激光束选区熔化各层的金属材料，逐步堆叠成三维金属零件。

点击桌面上的Materialise Magics程序，点击菜单中"文件/打开"或者工具栏中按钮"打开"，选择一个想要打印的模型。当模型导入后可能会发现它并不在界面的平台上，甚至不在屏幕中，可使用图中零件平移或旋转框，对模型进行重新定位；并且，可以对模型进行成比例的缩放，如图4-73所示。

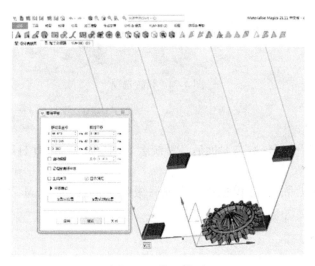

图4-73　载入模型

4.5.3　3D打印参数设置

点击"三维打印软件菜单"选项内的"加工"，将会出现如图4-74所示的界面。

1. 材料选项

设置YLMs-300金属打印机的材料，根据材料确定激光扫描的功率和基板平台的加热温度，钢无需加热，钴铬合金加热至120℃，钛合金加热至170℃。

2. 分层选项

导入要加工的模型，设置模型的分层层数和分层厚度，分层层数越多和分层厚度越小，所打印的产品精度越高、表面粗糙度越小，但相应的打印时间很长。

图 4-74　设置选项

3. 成型工艺

选择材料和设置分层层数与厚度后，系统会自动生成金属 3D 打印的成型工艺，只要选择默认即可。

设置相应的参数后，保存模型将会生成后缀名为 job 的是 YLMs-300 金属打印机的文件。

4.5.4　3D 打印

1. 打印前准备工作

（1）打开设备主电源开关，打开激光器冷水机电源开关，同时打开激光。

（2）用毛刷、吸尘器清理成型舱内粉尘，擦拭成型舱内壁及舱门，每次打印模型前清理一次。

（3）用无尘布沾无水乙醇擦拭激光窗口保护镜，每次打印模型前清理一次。

（4）用鼓风球清理螺纹孔内粉末，安装适用于加工粉末材料的底板，用无尘布沾无水乙醇擦拭底板，确保表面干燥，安装底板，如图 4-75 所示。

（5）安装刮板内橡胶条，确保胶条两端留出半圆间隙，同时保证橡胶条均匀受力且平整，之后将刮板安装到机器上，如图 4-76 所示。

（6）安装机器前后粉末回收瓶，安装好之后确保瓶口连接阀门处于开启状态。

（7）填装粉末，先计算送粉缸需要的深度，计算公式为：深度＝分层层数×分层厚度×铺粉系数＋20。通过软件下降送粉缸到计算所得的深度，然后把送粉缸填满粉末。

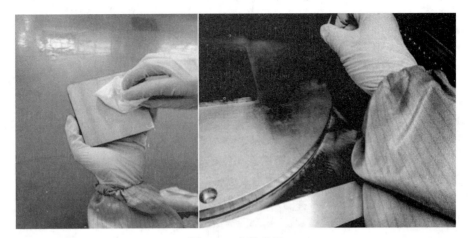

图 4-75　安装基板

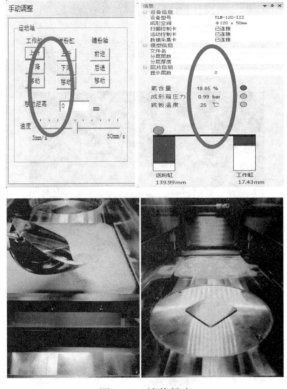

图 4-76　填装粉末

2. 打印模型

（1）打开软件，连接设备，打开手动调整，如图 4-77 所示。

（2）调整工作台高度，退回刮板到基板中心位置，调整 Z 轴高度，用塞规测量，使

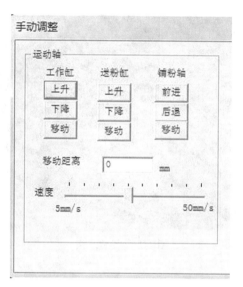

图 4-77　手动调整界面

刮板下方可放置 0.04mm 的塞尺，如图 4-78 所示。

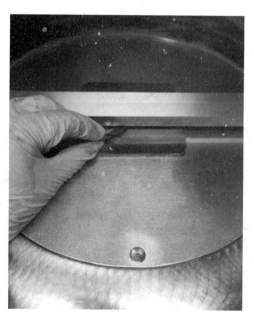

图 4-78　调平基板

（3）调整好 Z 轴高度后，将刮板回到零点位置，铺第一层粉末，确保第一层粉末薄且均匀，如果铺粉不均匀要重新调整 Z 轴高度并重新铺粉，如图 4-79 所示。

（4）载入准备建造的模型，如图 4-80 所示。

图 4-79 均匀铺粉

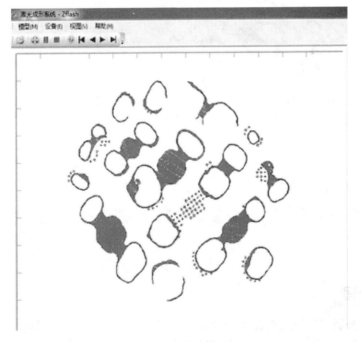

图 4-80 载入模型

（5）设置参数，参数根据不同的材料和设备进行调整，然后点击确定，如图 4-81 所示。

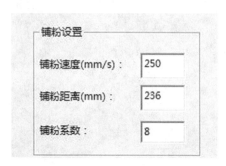

图 4-81　设置参数

（6）打开手动调整，打开风机，开温控，打开氮气阀门，待氧含量下降至 0.3% 以下，温度达到设定值，点击开始打印，模型进入打印阶段，如图 4-82 所示。

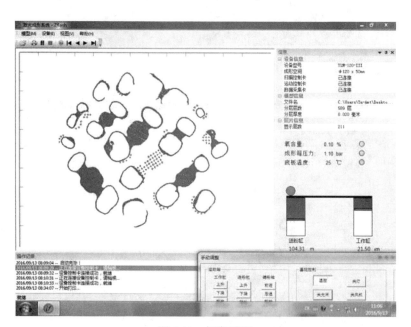

图 4-82　打印界面

4.5.5　后处理

YLMs-300 金属打印机无需设计和构造支撑结构，但打印的零件是直接在打印基板上生成，与基板熔融在一起，如图 4-83 所示。为分离打印金属零件和基板，一般使用线切割工艺方法，将打印零件从基板上切割下来。

图 4-83　金属 3D 打印作品

4.5.6　影响打印质量的因素及故障分析

1. 金属粉末

YLMs-300 金属打印机所使用的金属粉末是由含有不同熔点、不同收缩率的金属粉末混合而成，金属粉末在激光烧结下会发生"球化"现象，对成型金属零件的致密性和强度产生很大影响。其原因是：粉末熔化后，液体质点对固体金属粉末的作用力远比松散的固体金属粉末之间的作用力大，结果导致金属粉末被液体质点黏结形成较大的球体，激光功率越大，球的直径也越大。

为避免金属粉末的"球化"现象，形成致密和高强度的金属零件，可使用的方法如下：

（1）避免使用具有不同化学性质的粉末混合料，如聚合物包裹的金属粉末；

（2）将预合金化的粉末加热到固相线温度和液相线温度之间，进行超固相线温度烧结。

2. 铺粉参数

YLMs-300 金属打印机在铺粉时，铺粉辊筒向前平移并自转，粉末在辊筒压力作用下，克服粉末颗粒间微弱的吸附力（结合力及摩擦力）互相滚动或滑动而变得致密。因而，铺粉密度直接决定成型金属零件的致密性和强度。

当粉末颗粒的大小及形状一定时，铺粉厚度、铺粉辊筒平移及自转速度将直接决定铺粉密度。因此，为保持金属零件的致密性和强度，需要根据金属粉末材料，选择合理的铺粉厚度、铺粉辊筒平移及自转速度。

4.5.7　设备的安全操作及维护

1. 设备安全操作注意事项

（1）操作人员须佩戴防护眼镜、防尘面罩，穿防护服。

（2）该设备采用 500W 连续光纤激光器，波长为 1.08μm。非激光行业专业人员禁止维修激光系统。

（3）操作之前需把设备的防护门关好，防止激光反射出腔体；所有在场的人员必须带防护眼镜，防护眼镜不能透过 1.08μm 波长的光；任何情况下，眼镜绝对不能直视激光。

（4）确保车间通风良好；不得让金属粉末形成尘云；在粉末附近禁止吸烟或点燃任何材料；在配粉和筛粉、装粉过程中，佩戴适合粉尘密度的防粉尘口罩和防护眼镜。

（5）该设备打印时需要对工作腔体充氮气或氩气，在打印过程中，设备工作腔内的氮气或氩气含量高于室内含量，要注意防止氮气或氩气大量流到室内空气中，导致室内氧气含量过低，对人体造成伤害。

（6）操作者在操作前必须熟悉存在高温的区域，防止烫伤；打印完成后不能立即打开防护门，要等到温度冷却到室温才能打开；必须等到温度冷却到 80℃ 以下才能将工件从成型舱中取出，在取工件的过程中，请佩戴手套。

2. 设备维护

（1）激光窗口保护镜。

激光窗口保护镜上附着有灰尘会造成激光衰减，因此要经常清洁，每次打印前清洁一次。

（2）滤芯。

拆开过滤器，取出滤芯，替换新的滤芯，常备新滤芯，建议每工作 10d 更换一次滤芯。

（3）刮板清洁。

每次打印完成后用抹布将表面及螺纹孔擦拭干净，可沾无水乙醇擦拭。

（4）成型舱及限位清洁。

每次打印模型前清理舱内尤其是限位上多余的粉尘和灰尘，舱体底板平面和侧壁要用抹布擦拭干净。舱门内壁和窗户也要擦拭干净。

（5）冷水机维护。

每半个月确认一次温度设定和水位是否正常。每两个月更换一次冷却液。

（6）其他维护项目，如表 4-8 所示。

表 4-8   设 备 维 护

维护项目	维护周期	维护方法
成型舱密封性	6 个月	可向舱内通气检测，如有漏气，更换密封圈
设备电机	3 个月	如有异响或异常振动，及时维修或更换
刮粉机构旋转密封轴承	6 个月	经常观察刮板运动情况，如有速度变缓或不动，及时检查轴承

成型舱密封性的维护周期为 6 个月，主要维护内容时向舱内通气检测，如有漏气，更换密封圈。设备电机维护周期为 3 个月，检查异响或异常振动，及时维修或更换。刮粉机构旋转密封轴承维护周期为 6 个月，观察刮板运动情况，如有速度变缓或不动，及时检查

轴承。

4.6 3DP 标准喷墨打印设备

彩色喷墨 Projet_660 Pro 打印机与普通打印工作原理基本相同，通过打印机喷头喷出黏结剂（如硅胶等），以打印横截面数据的方式将零件的截面"印刷"在材料粉末上，将"打印材料"层层叠加起来，实现三维模型的实体化。

适用彩色喷墨 Projet_660 Pro 打印机的材料有高性能复合型材料和陶瓷材料（含 70% 三氧化二铝材料）、石膏粉、高分子尼龙、ABS 工程塑料、玻璃纤维。辅助材料：陶瓷专用水溶性材料、环保水溶解性材料。

彩色喷墨 Projet_660 Pro 打印机能在产品中体现 100% 全色彩输出，还原零件设计的真实色彩信息，色彩输出方式需具备自动调色，自动分配，自动生成功能，全彩打印作品如图 4-84 所示。

图 4-84 全彩打印作品

4.6.1 设备的结构及性能参数

彩色喷墨 Projet_660 Pro 打印机的组成结构，如图 4-85 所示。该设备的使用环境要求：室温为 13～24℃，相对湿度为 20%～55%。设备的性能参数见表 4-9 所示。

表 4-9   设备的性能参数

打印材料	层厚	打印速度	成型尺寸	外形尺寸	电源要求	模型支撑	输入格式	操作系统
陶瓷材料，复合材料	0.1	28mm/h	254×391×203	2180×1220×1600	100～240V/AC	无支撑	STL/VRML/Ply/Obj	Vista/Win7

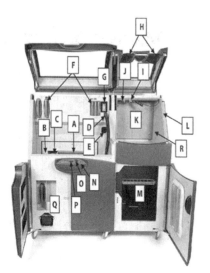

A—建造床；B—服务站；C—快速轴；D—真空软管；E—加热口；F—黏合剂容器；
G—碎片分离器；H—臂孔；I—空气杆控制螺母；J—空气杆；K—后置处理托盘；L—附件托盘臂；
M—后置处理存储室；N—控制面板；O—控制按钮；P—显示面板；Q—打印存储室；R—清洁站

图 4-85　彩色喷墨 Projet_660 Pro 打印机结构

彩色喷墨 Projet_660 Pro 打印机的材料为陶瓷材料和复合材料，打印层厚为 0.1mm，打印速度为 28mm/h，打印机的外形尺寸为 2180mm×1220mm×1600mm，成型零件最大尺寸为 254mm×391mm×203mm；该设备的操作系统为 Vista/Win7，打印格式为多种即 STL/VRML/Ply/Obj，不需要支撑结构，电源需为 100~240V/AC。

4.6.2　控制软件操作

点击桌面上的 3D Print 程序，点击菜单中"文件/打开"或者工具栏中按钮"打开"，导入一个想要打印的模型，打印软件的主界面会呈现模型的 3 个视图，即三维模型、主视图和侧视图，如图 4-86 所示。

当模型导入后可能会发现它并不在界面的平台上，甚至不在屏幕中，可使用图中选项进行操作：

（1）零件平移或旋转框，对模型进行重新定位；

（2）使用自动定位功能，载入模型将自动定位于界面平台上。

（3）此软件也可以对模型进行成比例的缩放，操作界面如图 4-87 所示。

4.6.3　3D 打印参数的设置

点击"三维打印软件菜单"选项内的"设置（Setting）"，并选择"打印设置（Printer Settings）"，根据打印设置选项进行相应的参数设置，如图 4-88 所示。

1. 打印机（Printer）

此软件库包含多种不同类型的打印机类型，根据所使用的打印机型号，选择 Pro-

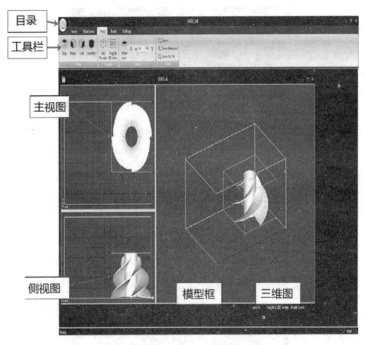

图 4-86　3D Print 软件主界面

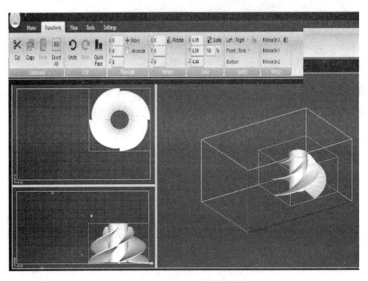

图 4-87　3D Print 软件操作界面

jet660 Pro 打印机。

2. 材料类型（Material Type）

该软件的材料库包括：复合型材料和陶瓷材料（含 70% 三氧化二铝材料）、石膏粉、

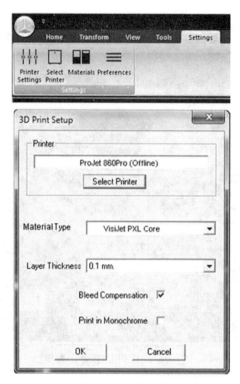

图 4-88　设置选项

高分子尼龙、ABS 工程塑料、玻璃纤维。根据打印模型和功能要求，选择合适的材料。

3. 层厚（Layer Thickness）

该打印机的层厚默认为 0.1mm，并勾选片层补偿（Bleed Compensation），并按确认，此时软件会自动计算打印时间，使用材料的用量，如图 4-89 所示。

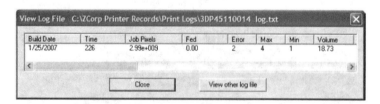

图 4-89　打印数据显示

4.6.4　3D 打印

1. 打印前准备工作

（1）清洗各个打印部件，保证打印前打印关键部件都为干净的。

（2）添加黏结剂，只有当系统提示黏结剂不足时，才添加足量的黏结剂。

（3）添加本体材料，建议一次加载 50kg 石膏粉。

①将容器靠近打印机的 REID 阅读器，完成石膏本体材料的登记；

②用刀割断袋子并倒入石膏容器中；

③在彩色喷墨 Projet_660 Pro 打印机 LCD 上选择"VACUUM"进行清洁，并使用软管清洁打印机内的石膏粉；

④密切观察碎片分离器，若石膏正被加载进打印机，此时石膏会在分离器中打旋；

⑤石膏粉装满给料器后，清洁功能将自动停止。

2. 3D 打印

（1）导入模型及打印。

打开 3D Print 软件，并导入三维模型，并对模型进行手动定位或自动定位与软件界面上，保证最优的打印方向。在"设置"选项卡上进行打印机类型、打印材料和层厚的设置，最终生成 Projet_660 Pro 打印机模型，并启动打印工程。

（2）模型加热。

打印结束后，彩色喷墨 Projet_660 Pro 打印机会启动加热干燥周期程序，对零件进行干燥处理，干燥程序的主要功能在于增强零件的强度，加热干燥周期越长，成型的零件强度越大。

4.6.5　后处理

彩色喷墨 Projet_660 Pro 打印机的成型零件会被石膏包围在中间，需要使用相应的后处理方法进行处理，如图 4-90 所示。

图 4-90　石膏粉包围的成型零件

1. 去除交叉石膏

打印完成后，可以使用自动去除石膏法或手动去除石膏法对成型零件周围的石膏进行去除，如图 4-91 所示。

（1）自动去除石膏

当打印完成后，打印机会启动一个自动加热干燥周期，一个干燥周期结束后，打印机振动建造床以及通过建造床的底部清洗，自动去除多余的石膏。

图 4-91　多余石膏去除

（2）手动去除石膏

当打印完成后，打印机会启动一个自动加热干燥周期，一个干燥周期结束后，关闭顶盖，然后选择 LCD 菜单上的 VACCUM，打开盖板，真空清洁开始。手动去除石膏时，小心零件周围的细致部分，必要时可以用控制按钮移动建筑平台。

2. 去除细小石膏

使用上述方法只能去除成型零件周围的石膏，无法去除零件上面松散、细小的石膏。

（1）零件至于石膏回收站，顶盖关闭，把用户开关调到"ON"，压缩和吸入系统打开，吸入系统打开大概需要 15s；

（2）去除石膏可以选用空气枪或空气杆，空气枪适用于去除大面积的石膏，空气杆适用于清除狭小空间，突出零件细节。

（3）用手测试空气流动，根据需要调整空气气压，对于薄壁和细微零件，需要使用轻气压。

（4）使用空气杆或空气枪去除零件上残留的石膏，真空通过石膏回收站的过孔层，采集石膏，并回收到石膏托盘下。

（5）将用户调至"OFF"，过滤器回收大概需要 1min，然后回收结束。

3. 去除细微石膏

当零件的内部或间隙有细微的石膏时，上述去除石膏方法无法去除，故可以使用特殊溶剂，并戴上手套，进行精细化的石膏去除，如图 4-92 所示。

4.6.6　影响打印质量的因素及故障分析

彩色喷墨 Projet_660 Pro 打印机成型速度快，粉末通过黏结剂结合，价格相对低廉；材料选择范围很广，理论上讲，任何可以制成粉末状的材料都可以使用，可实现有渐变色的全彩色 3D 打印。然而，由于彩色喷墨 Projet_660 Pro 打印机的成型零件是通过粉末黏结而成，器产品力学性能差，强度、韧性相对较低；通常只能做概念型样品展示，不适用于功能性试验。故彩色喷墨 Projet_660 Pro 打印机成型零件质量的主要原因为粉末的黏结性能和打印机的加热干燥周期。

图 4-92　去除细微石膏

1. 粉末黏结性能

粉末的黏结性能将直接决定成型零件的强度和韧性，因而需要配置合理比例的粉末材料，并选择与打印材料相适合的黏结剂，进而增强黏结性能，提高零件强度和韧性。

2. 加热干燥周期

当彩色喷墨 Projet_660 Pro 打印机模型打印结束后，打印机会自动启动加热干燥周期，加热干燥周期能够提高成型零件的强度，加热时间越长，强度提高越大。

4.6.7　设备的安全操作及维护

1. 设备安全操作注意事项

（1）操作人员须佩戴防护眼镜、防尘面罩，穿防护服。

（2）打印后和开始打印之前，都必须对打印机进行清洗。

（3）打印完成后不能立即打开防护门，要等到温度冷却到室温才能打开；在取工件的过程中，请佩戴手套。

（4）请勿在无人看守的时候运转机器。

2. 设备维护

彩色喷墨 Projet_660 Pro 打印机最重要的维护保养环节是对打印结束和打印之前，对打印机的各个核心部件进行清洗。

（1）清空碎片分离器。

①将碎片分离器从打印机内拉出来；

②将碎片分离器里东西倒进废料桶；

③用附件包里的柔性笔去除屏幕上的石膏块；

④将碎片分离器放回打印机内，确保分离器平面完全推入嵌板。

（2）清洁包装帽。

①打印工作中，打印帽可避免打印头干燥，每次完成后清洁打印帽；

②打印头更持久耐用，确保精确的打印进度；

③打印帽位于快速右端，开始前，需要准备：一些干纸巾，用蒸馏水填充注射瓶，戴一次性手套，将注射瓶装满蒸馏水；

④将快速轴拉向自己，滑动打印墨盒左边，安装帽就暴露出来；

⑤向帽上喷射蒸馏水；

⑥把纸巾放在建造床上面，安装帽的下面和周围，确保盖住前溢出水口，防止水进入；

⑦在安装帽上喷射蒸馏水，水应该从帽檐排出，并用纸巾擦干净安装帽；

⑧清楚平台上的纸巾盒快速轴或平台的水。

如果安装帽很脏，或者以上清洁力度不够，那么将安装帽从打印机取下，在流动水下清洗，重新安装之前，使安装帽干透。

☞ 复习思考题

1. 有哪些因素影响 FDM 打印机的打印模型翘曲变形？如何处理？

2. 如何防止各种类型打印机喷头堵塞？

3. 解释双喷头打印机的工作原理？

4. 影响光敏树脂打印质量的因素有哪些？

5. 金属 3D 打印机的打印零件可用于哪些行业？

6. 影响彩色喷墨打印机的打印质量因素有哪些？

第5章 3D 打印项目综合案例

【教学基本要求】

（1）利用铲斗车为学习载体，掌握 SolidWorks 零件设计及装配体设计。

（2）熟悉 SolidWorks 渲染及导出。

（3）熟悉影响 3D 打印作品质量的因素。

5.1 铲斗车三维建模

使用 SolidWorks 三维设计工具可对方案构想进行实现，本案例通过 SolidWorks 三维实体建模技术，对铲斗车进行设计实现，包括各零件的设计、修改，铲斗车总成与装配，同时对三维模型进行实时渲染，在设计前期即可对方案实际效果图进行预览，如图 5-1 所示铲斗车总成图。设计完成后，可在 SolidWorks 软件中将三维模型导出成 3D 打印机能直接识别的格式。

图 5-1　铲斗车总成图

其中铲斗车由以下结构组成：底盘、驾驶舱、发动机罩、前桥、车轮、前臂、短液压缸、短活塞、顶臂、长活塞、长活塞缸、顶杆、铲斗。

本节将分成四个小节介绍：SolidWorks 零件设计；SolidWorks 装配体设计；SolidWorks 渲染；SolidWorks 导出。

SolidWorks 零件设计：重点在于学习如何利用 SolidWorks 进行三维结构造型，熟练掌握 SolidWorks 的特征建模软件功能。

SolidWorks 装配体设计：重点在于学习各个零件之间如何进行装配组合，从而形成一个完全的装配体或产品，熟练掌握 SolidWorks 配合关系功能。

SolidWorks 渲染：重点在于学习如何利用 SolidWorks 对模型进行渲染，从而得到逼真的三维模型。

SolidWorks 导出：学会如何导出 3D 打印格式数据，对模型进行 3D 打印。

5.1.1 SolidWorks 零件设计

1. 底盘的设计

利用 SolidWorks 设计该铲斗车的底盘，其三维结构见图 5-2 铲斗车的底盘位置图和图 5-3 底盘三视及轴测图。

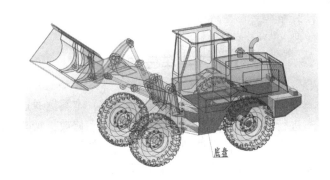

图 5-2　铲斗车的底盘位置图

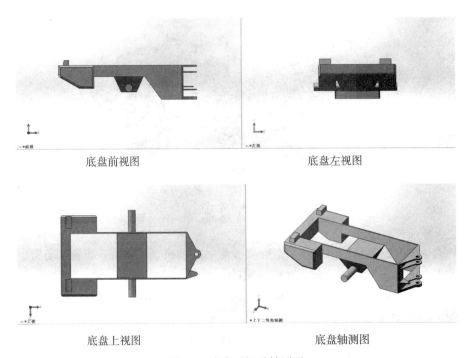

底盘前视图　　　　　　　　　　　　底盘左视图

底盘上视图　　　　　　　　　　　　底盘轴测图

图 5-3　底盘三视及轴测图

底盘结构的设计方法及步骤：

第一步：使用拉伸工具按草图轮廓拉伸出主特征；

第二步：使用拉伸切除工具按草图轮廓切除主特征；

第三步：使用圆角工具对模型进行倒圆角处理。

底盘轮廓如图 5-4 所示。

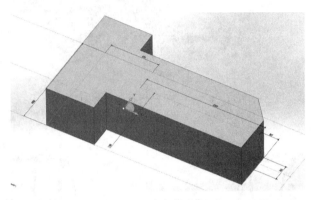

图 5-4　底盘轮廓图

其中草图尺寸见图 5-5 底盘轮廓草图。

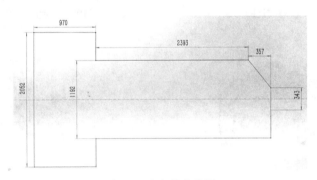

图 5-5　底盘轮廓草图

2. 驾驶舱的设计

利用 SolidWorks 设计该铲斗车的驾驶舱，其三维结构见图 5-6 铲斗车的驾驶舱位置图和图 5-7 驾驶舱三视及轴测图。

驾驶舱的设计方法及步骤：

第一步：使用拉伸工具按草图轮廓拉伸出主特征；

第二步：使用拉伸切除工具按草图轮廓切除主特征；

第三步：使用抽壳工具对模型进行处理；

第四步：使用圆角工具对模型进行倒圆角处理；

第五步：使用镜像工具对模型进行倒圆角处理。

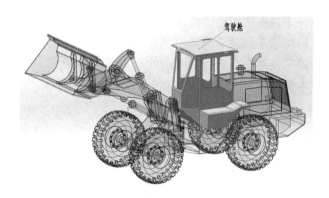

图 5-6 铲斗车的驾驶舱位置图

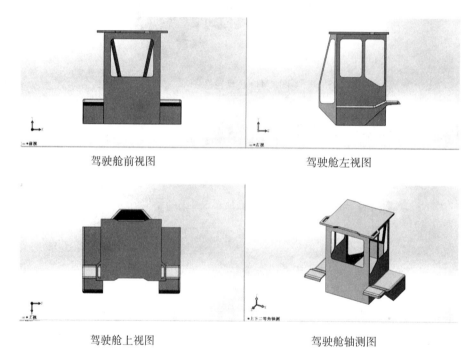

驾驶舱前视图 驾驶舱左视图

驾驶舱上视图 驾驶舱轴测图

图 5-7 驾驶舱三视及轴测图

驾驶舱轮廓见图 5-8 驾驶舱轮廓图。

其中草图尺寸见图 5-9 驾驶舱轮廓草图:

3. 发动机罩的设计

利用 SolidWorks 设计该铲斗车的发动机罩,其三维结构见图 5-10 铲斗车的发动机罩位置图和图 5-11 发动机罩三视及轴测图:

发动机罩的设计方法及步骤:

第一步:使用拉伸工具按草图轮廓拉伸出主特征;

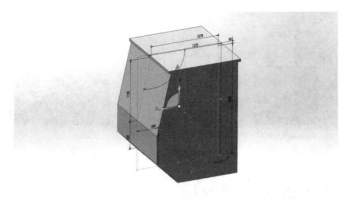

图 5-8 驾驶舱轮廓图

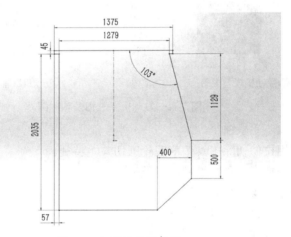

图 5-9 驾驶舱轮廓草图

图 5-10 铲斗车的发动机罩位置图

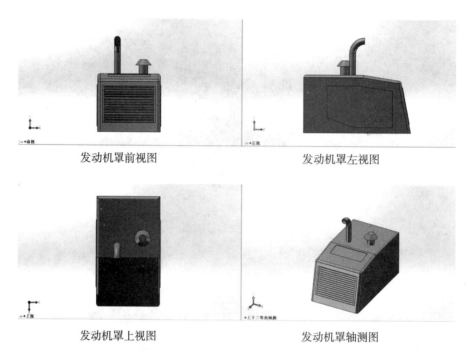

发动机罩前视图　　　　　　　　　　　发动机罩左视图

发动机罩上视图　　　　　　　　　　　发动机罩轴测图

图 5-11　发动机罩三视及轴测图

第二步：使用拉伸切除工具按草图轮廓切除主特征；

第三步：使用抽壳工具对模型进行处理；

第四步：使用圆角工具对模型进行处理；

第五步：使用扫描工具对模型进行处理；

第六步：使用旋转工具对模型进行处理。

发动机罩轮廓见图 5-12 发动机罩轮廓图。

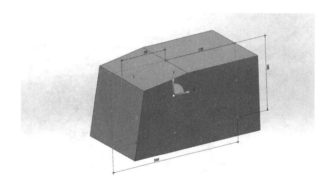

图 5-12　发动机罩轮廓图

其中草图尺寸见图 5-13 发动机罩轮廓草图。

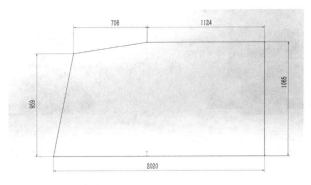

图 5-13 发动机罩轮廓草图

4. 前桥的设计

利用 SolidWorks 设计该铲斗车的前桥，其三维结构见图 5-14 铲斗车的前桥位置图和图 5-15 前桥三视及轴测图：

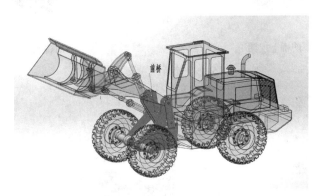

图 5-14 铲斗车的前桥位置图

前桥的设计方法及步骤：

第一步：使用拉伸工具按草图轮廓拉伸出主特征；

第二步：使用拉伸切除工具按草图轮廓切除主特征；

第三步：使用抽壳工具对模型进行处理；

第四步：使用圆角工具对模型进行处理；

第五步：使用扫描工具对模型进行处理；

第六步：使用旋转工具对模型进行处理。

前桥轮廓见图 5-16 前桥轮廓图。

其中草图尺寸见图 5-17 前桥轮廓草图。

5. 车轮的设计

利用 SolidWorks 设计该铲斗车的车轮，其三维结构见图 5-18 铲斗车的车轮位置图和

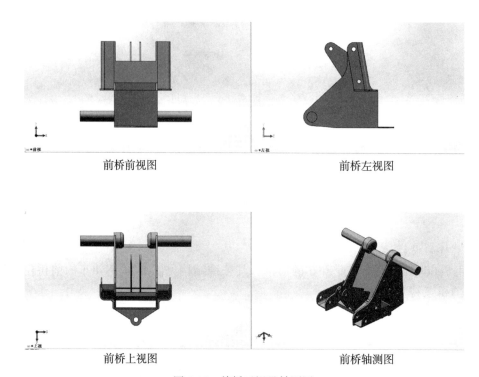

前桥前视图　　　　　　　　　　前桥左视图

前桥上视图　　　　　　　　　　前桥轴测图

图 5-15　前桥三视及轴测图

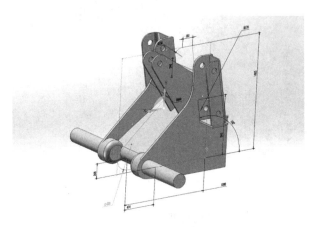

图 5-16　前桥轮廓图

图 5-19 车轮三视及轴测图：

车轮的设计方法及步骤：

第一步：使用拉伸工具按草图轮廓拉伸出主特征；

第二步：使用拉伸切除工具按草图轮廓切除主特征；

第三步：使用圆角工具对模型进行处理；

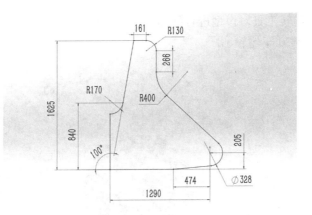

图 5-17 前桥轮廓草图

图 5-18 铲斗车的车轮位置图

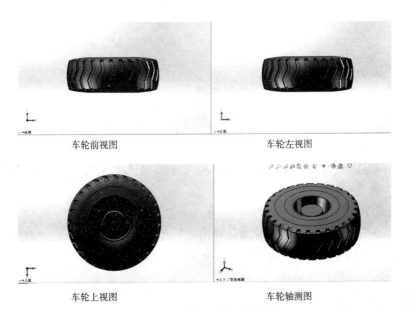

车轮前视图　　　　　　　　　　车轮左视图

车轮上视图　　　　　　　　　　车轮轴测图

图 5-19 车轮三视及轴测图

第四步：使用旋转工具对模型进行处理。

车轮轮廓见图 5-20 车轮轮廓图。

图 5-20　车轮轮廓图

其中草图尺寸见图 5-21 车轮轮廓草图。

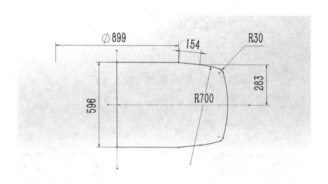

图 5-21　车轮轮廓草图

6. 前臂的设计

利用 SolidWorks 设计该铲斗车的前臂，其三维结构见图 5-22 铲斗车的前臂位置图和图 5-23 前臂三视及轴测图示。

前臂的设计方法及步骤：

第一步：使用拉伸工具按草图轮廓拉伸出主特征；

第二步：使用拉伸切除工具按草图轮廓切除主特征；

第三步：使用圆角对模型进行处理。

前臂轮廓见图 5-24 前臂轮廓图。

其中草图尺寸见图 5-25 前臂轮廓草图。

图 5-22　铲斗车的前臂位置图

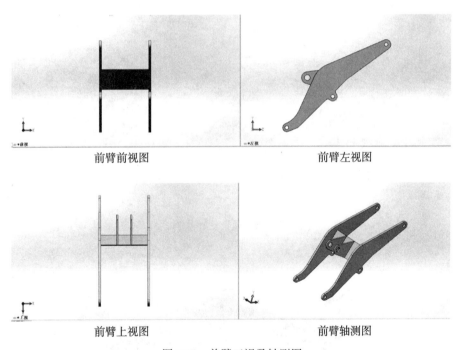

前臂前视图　　　　　　　　　　　前臂左视图

前臂上视图　　　　　　　　　　　前臂轴测图

图 5-23　前臂三视及轴测图

7. 短液压缸的设计

利用 SolidWorks 设计该铲斗车的短液压缸，其三维结构见图 5-26 铲斗车的短液压缸位置图和图 5-27 短液压缸三视及轴测图示。

短液压缸的设计方法及步骤：

第一步：使用旋转工具对模型进行处理；

第二步：使用拉伸切除工具按草图轮廓切除主特征。

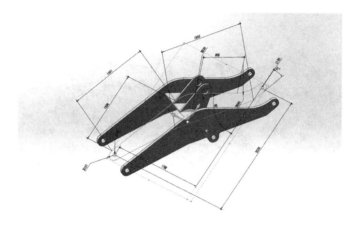

图 5-24   前臂轮廓图

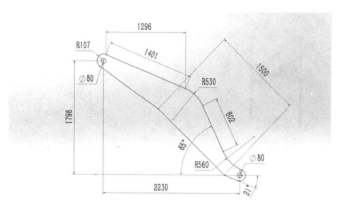

图 5-25   前臂轮廓草图

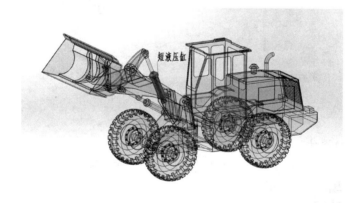

图 5-26   铲斗车的短液压缸位置图

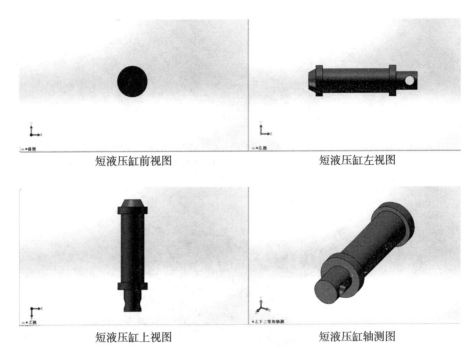

短液压缸前视图　　　　　　　短液压缸左视图

短液压缸上视图　　　　　　　短液压缸轴测图

图 5-27　短液压缸三视及轴测图

短液压缸轮廓见图 5-28 短液压缸轮廓图。

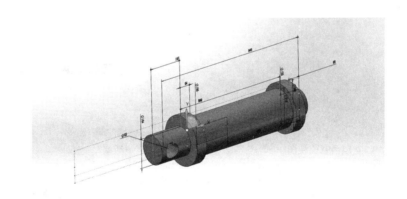

图 5-28　短液压缸轮廓图

其中草图尺寸见图 5-29 短液压缸轮廓草图：

8. 短活塞的设计

利用 SolidWorks 设计该铲斗车的短活塞，其三维结构见图 5-30 铲斗车的短活塞位置图和图 5-31 短活塞三视及轴测图示。

短活塞的设计方法及步骤：

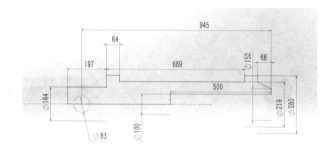

图 5-29　短液压缸轮廓草图

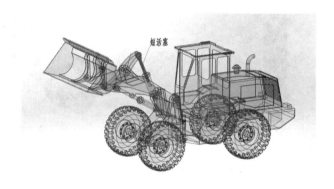

图 5-30　铲斗车的短活塞位置图

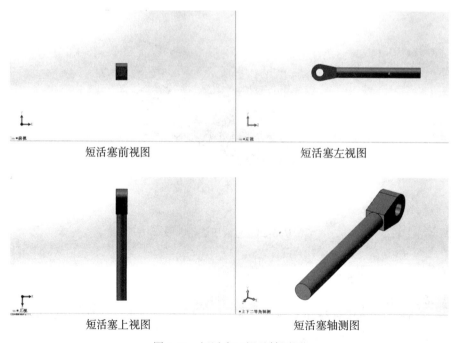

短活塞前视图　　　　　　　　　　短活塞左视图

短活塞上视图　　　　　　　　　　短活塞轴测图

图 5-31　短活塞三视及轴测图

第一步：使用旋转工具对模型进行处理；

第二步：使用拉伸工具对模型进行处理。

短活塞轮廓见图 5-32 短活塞轮廓图。

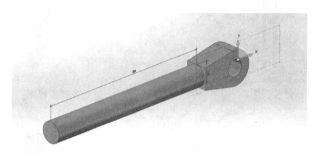

图 5-32 短活塞轮廓图

其中草图尺寸见图 5-33 短活塞轮廓草图。

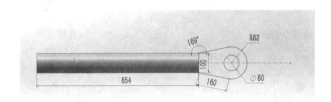

图 5-33 短活塞轮廓草图

9. 顶臂的设计

利用 SolidWorks 设计该铲斗车的顶臂，其三维结构见图 5-34 铲斗车的顶臂位置图和图 5-35 顶臂三视及轴测图示：

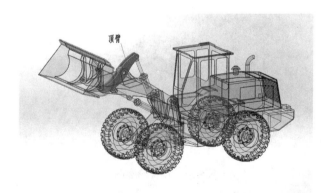

图 5-34 铲斗车顶臂的位置图

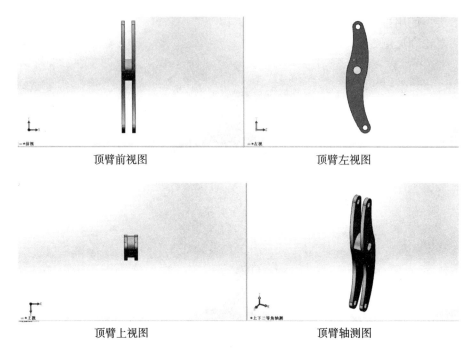

顶臂前视图　　　　　　　　　　顶臂左视图

顶臂上视图　　　　　　　　　　顶臂轴测图

图 5-35　顶臂三视及轴测图

顶臂的设计方法及步骤：

第一步：使用拉伸工具按草图轮廓拉伸出主特征；

第二步：使用拉伸切除工具按草图轮廓切除主特征。

顶臂轮廓见图 5-36 顶臂轮廓图。

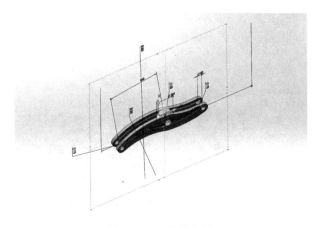

图 5-36　顶臂轮廓图

其中草图尺寸见图 5-37 顶臂轮廓草图。

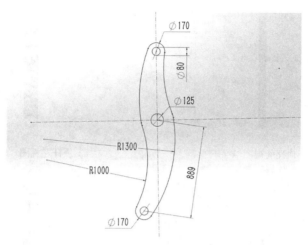

图 5-37　顶臂轮廓草图

10. 顶杆的设计

利用 SolidWorks 设计该铲斗车的顶杆，其三维结构见图 5-38 铲斗车的顶杆位置图和图 5-39 顶杆三视及轴测图示。

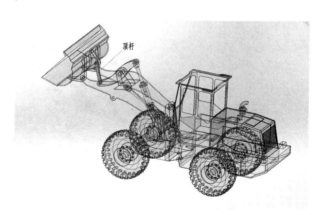

图 5-38　铲斗车的顶杆位置图

顶杆的设计方法及步骤：

使用拉伸工具按草图轮廓拉伸出主特征。

顶杆轮廓见图 5-40 顶杆轮廓图。

其中草图尺寸见图 5-41 顶杆轮廓草图。

11. 铲斗的设计

利用 SolidWorks 设计该铲斗车的铲斗，其三维结构见图 5-42 铲斗车的铲斗位置图和图 5-43 铲斗三视及轴测图示：

铲斗的设计方法及步骤：

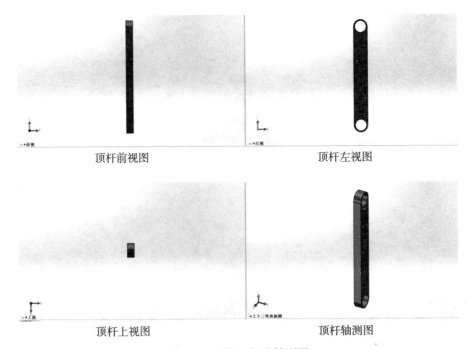

顶杆前视图　　　　　　　　　顶杆左视图

顶杆上视图　　　　　　　　　顶杆轴测图

图 5-39　顶杆三视及轴测图

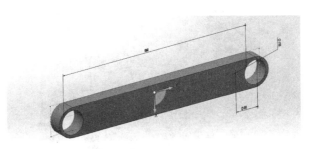

图 5-40　顶杆轮廓图

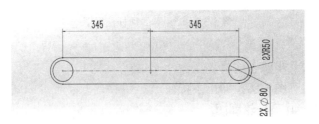

图 5-41　顶杆轮廓草图

　　第一步：使用拉伸工具按草图轮廓拉伸出主特征；
　　第二步：使用拉伸切除工具按草图轮廓切除主特征；

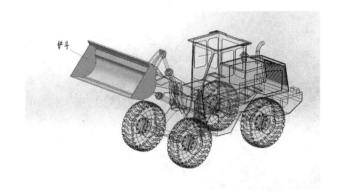

图 5-42 铲斗车的铲斗位置图

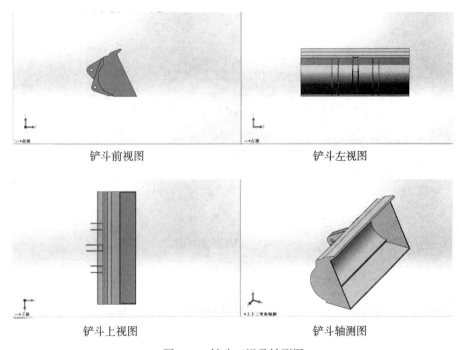

图 5-43 铲斗三视及轴测图

第三步：使用抽壳对模型进行处理。

铲斗轮廓见图 5-44 铲斗轮廓图。

其中草图尺寸见图 5-45 铲斗轮廓草图。

5.1.2 SolidWorks 装配设计

第一步：新建装配体，插入第一个底盘见图 5-46 铲斗车总成插入底盘图。

第二步：插入发动机罩，添加重合配合和距离配合见图 5-47 发动机罩与底盘配合关

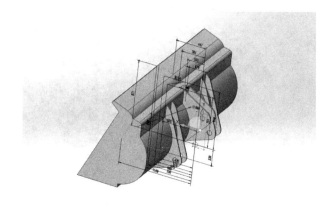

图 5-44　铲斗轮廓图

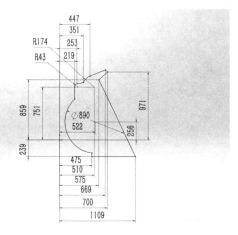

图 5-45　铲斗轮廓草图

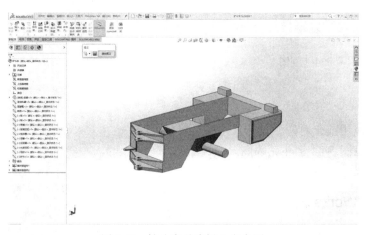

图 5-46　铲斗车总成插入底盘图

系图。

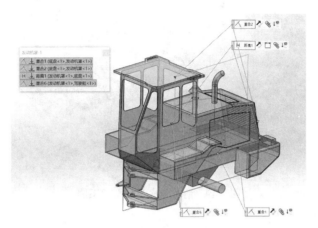

图 5-47　发动机罩与底盘配合关系图

第三步：插入驾驶舱，添加重合配合见图 5-48 驾驶舱与底盘配合关系图。

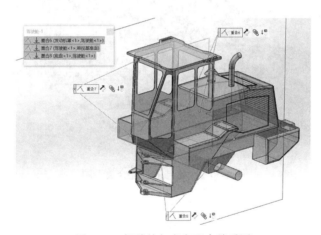

图 5-48　驾驶舱与底盘配合关系图

第四步：插入前桥，添加同心、平行、重合配合见图 5-49 前桥与底盘配合关系图。
第五步：插入车轮，添加重合、同心配合见图 5-50 车轮与前桥配合关系图。
第六步：插入前臂，添加重合、同心配合见图 5-51 前臂与前桥配合关系图。
第七步：插入短液压缸，添加重合、同心配合见图 5-52 短液压缸与前桥配合关系图。
第八步：插入短活塞，添加平行、同心配合见图 5-53 短活塞与短液压缸配合关系。
第九步：插入顶臂，添加重合、同心配合见图 5-54 顶臂与前臂配合关系图。
第十步：插入长活塞，添加同心配合见图 5-55 长活塞与前臂配合关系图。
第十一步：插入长液压缸，添加对称、同心配合见图 5-56 长液压缸与前桥配合关系图。

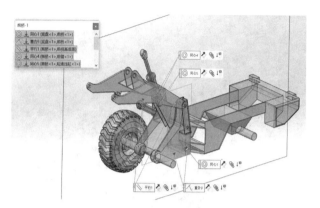

图 5-49　前桥与底盘配合关系图

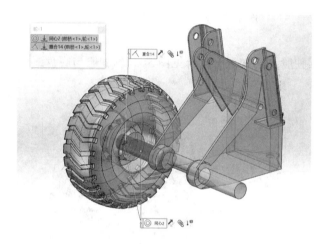

图 5-50　车轮与前桥配合关系图

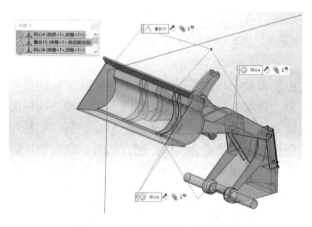

图 5-51　前臂与前桥配合关系图

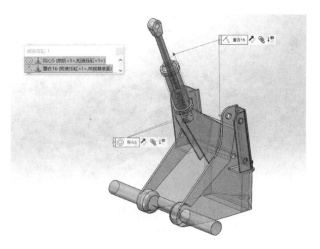

图 5-52　短液压缸与前桥配合关系图

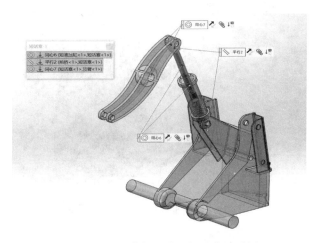

图 5-53　短活塞与短液压缸配合关系图

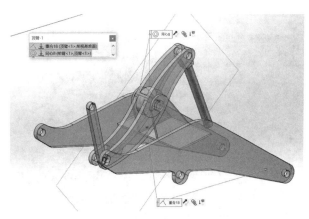

图 5-54　顶臂与前臂配合关系图

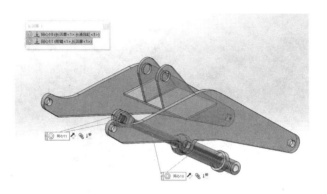

图 5-55　长活塞与前臂配合关系图

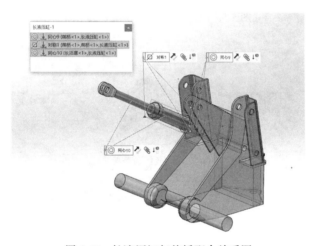

图 5-56　长液压缸与前桥配合关系图

第十二步：插入顶杆，添加对称、同心配合见图 5-57 顶杆与前臂配合关系图。

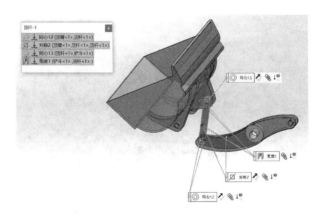

图 5-57　顶杆与前臂配合关系图

第十三步：插入铲斗，添加同心、宽度配合见图 5-58 铲斗与前臂配合关系图。

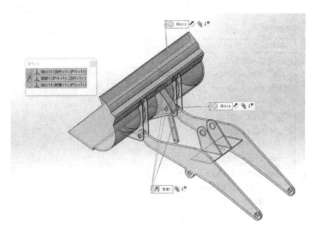

图 5-58　铲斗与前臂配合关系图

第十四步：装配完成见图 5-59 铲斗车总成图。

图 5-59　铲斗车总成图

5.1.3　SolidWorks 渲染

第一步：激活插件"Photoview 360"见图 5-60 加载 Photoview 360 图。

第二步：编辑外观，选取材料，应用到装配体见图 5-61 编辑外观图。

5.1.4　SolidWorks 导出

铲斗车设计完成后，需将设计方案转化成打印机能识别的 3D 数据格式，在 Solid-Works 中，我们能够直接将 SolidWorks 另存为其他格式，如最常用的 3D 打印格式 .stl，并能设置输出选项见图 5-62 数据导出设置图：

输出后的文件在 SolidWorks 中见图 5-63 STL 格式铲斗车总成图。

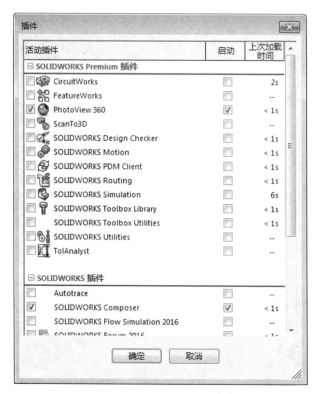

图 5-60　加载 Photoview 360 图

图 5-61　编辑外观图

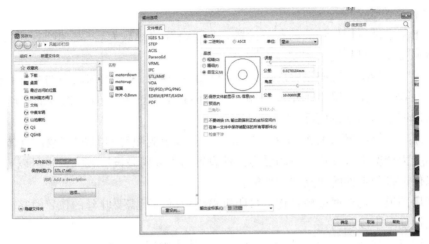

图 5-62　数据导出设置图

图 5-63　STL 格式铲斗车总成图

5.2　铲斗车 3D 打印

5.2.1　切片处理

打开切片软件 cura 中文版，导入机器配置文件；

配置文件导入方法：文件-打开配置文件-浏览到配置文件并打开；

1. 导入打印文件

点击文件→读取模型文件（SolidWorks 三维模型 STL 格式文件）→浏览到铲斗车各部

位零件导入到软件中;

2. 进行切片设置

①点击基本进行切片相关的参数设置;主要设置的参数为层厚、壁厚、回退、填充、速度温度、支撑、材料流量和喷嘴等。

层厚:一般情况下我们设置层厚为 0.1~0.15mm,对表面要求较高的文件我们可以设置层厚为 0.05~0.10,层厚越小,打印零件表面相应越光滑,但是相应的打印时间也更高,对机器调平等要求也更高;

②壁厚:一般设置为 1.2、1.6、2.0mm 等,数值为喷嘴直径的倍数;具体要根据打印零件的受力情况进行设置;打印受力部件设置的可以稍微设置较大;也可以打印更加厚的壁厚以保证打印零件的四周密封性能;

③开启回退:复选框选择打钩;打印机喷嘴运行到不需要吐丝的位置时挤出机将材料往反方向抽动一小段距离;

④底层/顶层厚度:一般设置为 1.2~2.0;数值为层厚的整数倍;也可以打印更加厚的底层、顶层厚度以保证打印零件的底层/顶层密封性能;

⑤填充密度:一般零件我们设置为 25% 左右;数值越大填充越密实,100% 表示选择打印全实心零件;

⑥打印速度:一般我们设置为 100,打印速度与打印质量成反比;在打印薄壁以及复杂结构的零件时需要降低打印速度来保证打印质量;某些结构甚至会采用 15~25 的打印速度来打印;

⑦打印温度:打印时候喷嘴的温度。PLA 一般设定为 200℃~210℃;不同材料这个数值会有变化,部分复杂结构需要降低喷嘴温度来打印;

⑧热床温度:一般设定为 60℃~70℃;

⑨支撑类型:根据打印的零件结构选择支撑类型,有三种选择:无:无论任何结构的零件均不产生支撑,适用于不需要支撑就能很好打印的文件;延伸到平台:只在悬空并且支撑可以延伸到平台的部位生成支撑;所有悬空:所有悬空部位均生成支撑,可以延伸到平台或打印的模型上;

⑩黏附平台:打印零件与打印平台的结合方式,有三种选择:无,打印零件直接接触打印平台;延边:打印零件第一层时在零件外延打印一层延边;底座:打印零件第一层前先打印几层作为底座,零件打印在底座上;延边和底座是为了增加打印零件与打印平台之间的黏附性,改善打印大面积零件时出现的翘边现象;

⑪打印材料直径:1.75mm;

⑫流量:100%;

⑬喷嘴孔径:0.4mm;

具体设置可以参考如图 5-64 所示基本参数设置图。

(2)点击“高级”进行高级参数设置,主要设置的参数为回退、质量、速度、冷却等参数。

①回退速度:一般设定为 35~45;

②回退长度:一般设定为 6~10;回退长度和速度加大是为了改善打印出现的拉丝情况;

图 5-64 基本参数设置图

③初始层厚：一般设定为 0.15~0.3mm，较厚的初始层厚可以增加打印零件与打印平台之间的黏附性，改善打印大面积零件时出现的翘边现象；

④初始层线宽：一般设定为 120%；增加打印零件与打印平台之间的黏附性，改善打印大面积零件时出现的翘边现象；

⑤底层切除：下沉进平台的部分不会被打印出来，用于切除模型不平整的底面；

⑥两次挤出重叠：一般设定为 0.15；

⑦移动速度：根据打印速度的设定一般为打印速度的 1.2~1.5 倍；

⑧底层速度：打印第一层时的速度，一般设置较低，增加打印零件与打印平台之间的黏附性；

⑨填充速度：打印填充时候的速度，一般设定为打印速度的 1.2~1.3 倍；

⑩顶层、底层速度：打印顶层或底层的速度，一般设置较低；

⑪外壳速度：打印零件外壳时速度，一般设置为打印速度的 60% 左右；

⑫内壁速度：打印模型内壁的速度，一般设置为打印速度；

⑬每层最小打印时间：1s 以上；

⑭开启风扇冷却：复选框打钩选择开启风扇冷却；

具体设置可以参考如下图 5-65 高级参数设置图。

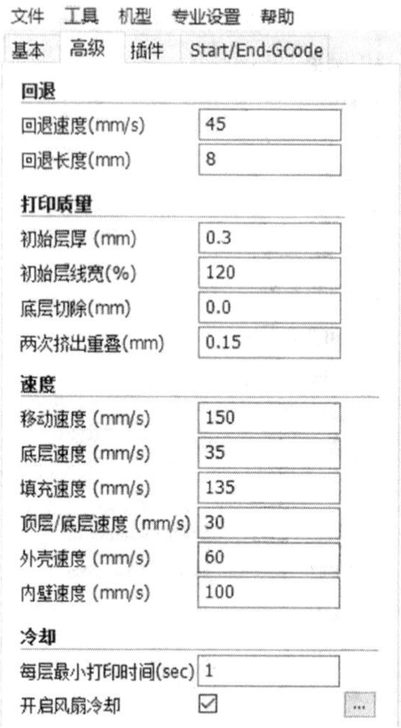

文件　工具　机型　专业设置　帮助

基本　高级　插件　Start/End-GCode

回退

回退速度(mm/s)	45
回退长度(mm)	8

打印质量

初始层厚 (mm)	0.3
初始层线宽(%)	120
底层切除(mm)	0.0
两次挤出重叠(mm)	0.15

速度

移动速度 (mm/s)	150
底层速度 (mm/s)	35
填充速度 (mm/s)	135
顶层/底层速度 (mm/s)	30
外壳速度 (mm/s)	60
内壁速度 (mm/s)	100

冷却

每层最小打印时间(sec)	1
开启风扇冷却	☑

图 5-65　高级参数设置图

3. 切片

设置完成后软件将自动完成切片，规划打印路径，生成支撑；待切片完成后点击 🖫 按钮选择存储路径将切片文件命名和存储；一般我们可以选择存储到 SD 卡，以便打印；

注：另由于壁厚较薄，打印时需要将打印速度降低，建议调整到如图 5-66 所示壁薄模型参数设置参考图。

5.2.2　打印成型

1. 打印前设置

（1）将打印机放置在平整、牢固、不会摇晃的桌面上。同时给打印机进行通电。

（2）耗材设置：选择"材料→设置→定制→修改材料设置"，分别设定好打印温度：PLA 一般 190°~210°，平台加热：根据打印模型设置加热温度，材料直径：1.75mm；选择保存到 PLA 或者其他选项，到这里耗材设置完毕。

（3）设置电流：选择"维护→高级→运动设置"。

进入"运动设置"之后，里面有一个设置速度，下面的才是设置电流的，两者千万不要弄错，就 2 个字的区别，要注意好。

电流　　　XY（横纵轴电流）　　　900mA

　　　　　Z（竖轴电流）　　　　800mmA

　　　　　E〈挤出机电流〉　　　1000mmA

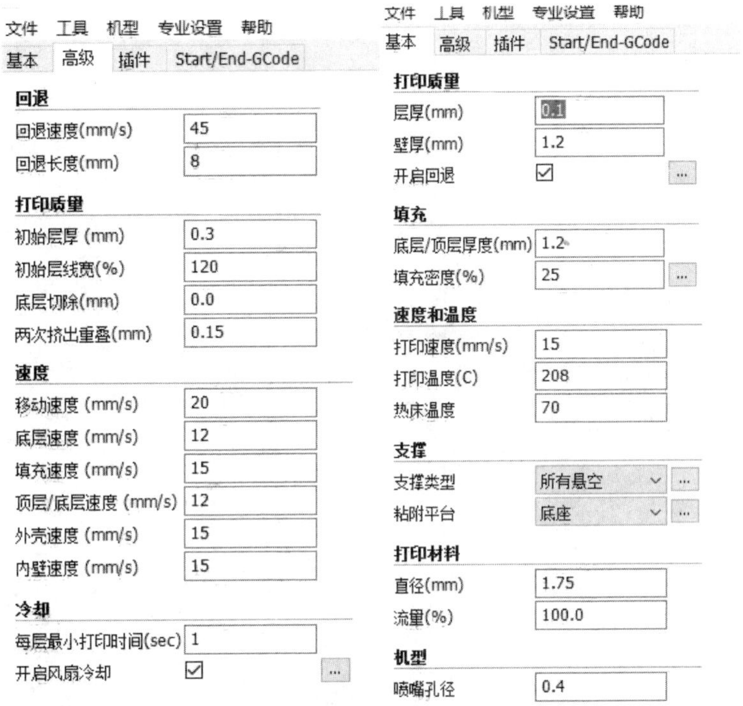

文件 工具 机型 专业设置 帮助	文件 工具 机型 专业设置 帮助
基本 **高级** 插件 Start/End-GCode	**基本** 高级 插件 Start/End-GCode

高级选项卡：

回退

回退速度(mm/s) `45`

回退长度(mm) `8`

打印质量

初始层厚(mm) `0.3`

初始层线宽(%) `120`

底层切除(mm) `0.0`

两次挤出重叠(mm) `0.15`

速度

移动速度(mm/s) `20`

底层速度(mm/s) `12`

填充速度(mm/s) `15`

顶层/底层速度(mm/s) `12`

外壳速度(mm/s) `15`

内壁速度(mm/s) `15`

冷却

每层最小打印时间(sec) `1`

开启风扇冷却 ☑ `...`

基本选项卡：

打印质量

层厚(mm) `0.1`

壁厚(mm) `1.2`

开启回退 ☑ `...`

填充

底层/顶层厚度(mm) `1.2`

填充密度(%) `25` `...`

速度和温度

打印速度(mm/s) `15`

打印温度(C) `208`

热床温度 `70`

支撑

支撑类型 `所有悬空` `...`

粘附平台 `底座` `...`

打印材料

直径(mm) `1.75`

流量(%) `100.0`

机型

喷嘴孔径 `0.4`

图 5-66　壁薄模型参数设置参考图

2. 开始打印前的准备

（1）校准打印平台

（2）加载打印耗材　（如若机子中已经有耗材的，则是更换耗材）

以上请参照参数及操作说明部分进行。

3. 开始打印

将 SD 卡插入机器的卡槽，选择打印，然后转动旋钮选择需要打印的文件。此时静静等待，机器开始加热热床和喷头。

当加热的目标温度后，喷头开始进行预挤出，注意观察出丝状态，确保出丝顺畅快速，然后打印机就将开始打印文件。

打印过程中可以选择"终止"来终止打印或者"调整"来调整打印的各项参数，例如温度、速度、回抽等；打印完成后等打印机降温后可以将模型从平台上取下并去除支撑，也可以将表面进行处理；将打印的各个零件按照设计装配，完成 3D 打印铲斗车模型的制作。

☞ **复习思考题**

简述在产品设计制作过程中遇到了哪些问题？如何解决？